Sitzungsberichte der Heidelberger Akademie der Wissenschaften

Mathematisch-naturwissenschaftliche Klasse

Die Jahrgänge bis 1921 einschließlich erschienen im Verlag von Carl Winter, Universitäts-buchhandlung in Heidelberg, die Jahrgänge 1922—1933 im Verlag Walter de Gruyter & Co. in Berlin, die Jahrgänge 1934—1944 bei der Weiß'schen Universitätsbuchhandlung in Heidelberg. 1945, 1946 und 1947 sind keine Sitzungsberichte erschienen.

Jahrgang 1939.

1. A. Seybold und K. Egle. Untersuchungen über Chlorophylle. DM 1.10.
2. E. Rodenwaldt. Frühzeitige Erkennung und Bekämpfung der Heeresseuchen. DM 0.70.
3. K. Goerttler. Der Bau der Muscularis muscosae des Magens. DM 0.60.
4. I. Hausser. Ultrakurzwellen. Physik, Technik und Anwendungsgebiete. DM 1.70.
5. K. Kramer und K. E. Schäfer. Der Einfluß des Adrenalins auf den Ruheumsatz des Skeletmuskels. DM 2.30.
6. Beiträge zur Geologie und Paläontologie des Tertiärs und des Diluviums in der Umgebung von Heidelberg. Heft 2: E. Becksmann und W. Richter. Die ehemalige Neckarschlinge am Ohrsberg bei Eberbach in der oberpliozänen Entwicklung des südlichen Odenwaldes. (Mit Beiträgen von A. Strigel, E. Hofmann und E. Oberdorfer.) DM 3.40.
7. Studien im Gneisgebirge des Schwarzwaldes. XI. O. H. Erdmannsdörffer. Die Rolle der Anatexis. DM 3.20.
8. Beiträge zur Geologie und Paläontologie des Tertiärs und des Diluviums in der Umgebung von Heidelberg. Heft 4: F. Heller. Neue Säugetierfunde aus den altdiluvialen Sanden von Mauer a. d. Elsenz. DM 0.90.
9. K. Freudenberg und H. Molter. Über die gruppenspezifische Substanz A aus Harn (4. Mitteilung über die Blutgruppe A des Menschen). DM 0.70.
10. I. von Hattingberg. Sensibilitätsuntersuchungen an Kranken mit Schwellenverfahren. DM 4.40.

Jahrgang 1940.

1. F. Eichholtz und W. Sertel. Weitere Untersuchungen zur Chemie und Pharmakologie der Heidelberger Radiumsole. DM 2.20.
2. H. Maass. Über Gruppen von hyperabelschen Transformationen. DM 1.20.
3. K. Freudenberg, H. Walch, H. Grieshaber und A. Scheffer. Über die gruppenspezifische Substanz A (5. Mitteilung über die Blutgruppe A des Menschen). DM 0.60.
4. W. Soergel. Zur biologischen Beurteilung diluvialer Säugetierfaunen. DM 1.—.
5. Annulliert.
6. M. Steck. Ein unbekannter Brief von Gottlob Frege über Hilbert's erste Vorlesung über die Grundlagen der Geometrie. DM 0.60.
7. C. Oehme. Der Energiehaushalt unter Einwirkung von Aminosäuren bei verschiedener Ernährung. I. Der Einfluß des Glykokolls bei Hund und Ratte. DM 5.60.
8. A. Seybold. Zur Physiologie des Chlorophylls. DM 0.60.
9. K. Freudenberg, H. Molter und H. Walch. Über die gruppenspezifische Substanz A (6. Mitteilung über die Blutgruppe A des Menschen). DM 0.60.
10. Th. Ploetz. Beiträge zur Kenntnis des Baues der verholzten Faser. DM 2.—.

Jahrgang 1941.

1. Beiträge zur Petrographie des Odenwaldes. I. O. H. Erdmannsdörffer. Schollen und Mischgesteine im Schriesheimer Granit. DM 1.—.
2. M. Steck. Unbekannte Briefe Frege's über die Grundlagen der Geometrie und Antwortbrief Hilbert's an Frege. DM 1.—.
3. Studien im Gneisgebirge des Schwarzwaldes. XII. W. Kleber. Über das Amphibolitvorkommen vom Bannstein bei Haslach im Kinzigtal. DM 1.60.
4. W. Soergel. Der Klimacharakter der als nordisch geltenden Säugetiere des Eiszeitalters. DM 1.40.

Sitzungsberichte
der Heidelberger Akademie der Wissenschaften
Mathematisch-naturwissenschaftliche Klasse

Jahrgang 1953/1955, 4. Abhandlung

Über die Wellengleichung bei Grenzkreisgruppen erster Art

Von

Walter Roelcke
Heidelberg

Mit 1 Textabbildung

(Vorgelegt in der Sitzung am 5. November 1955)

Springer-Verlag Berlin Heidelberg GmbH

ISBN 978-3-662-01345-8   ISBN 978-3-662-01344-1 (eBook)
DOI 10.1007/978-3-662-01344-1

Über die Wellengleichung bei Grenzkreisgruppen erster Art*.

Von

Walter Roelcke, Heidelberg.

Mit 1 Textabbildung.

Inhaltsübersicht.

* Die Arbeit hat — von einer kleinen Ergänzung abgesehen — im Juli 1954 als Dissertation bei der Math.-Nat. Fakultät der Universität Heidelberg vorgelegen.

Herr Professor Maass hat in einer Reihe von Arbeiten (s. [1], [2], [3])[1] automorphe Wellenfunktionen zu gewissen Grenzkreisgruppen erster Art eingeführt und ihre Bedeutung für die Theorie Dirichletscher Reihen und Siegelscher Modulformen gezeigt. Es bezeichne

$$\mathfrak{E}: \quad \tau = x + iy, \quad y > 0$$

die mit hyperbolischer Metrik $ds^2 = y^{-2}(dx^2 + dy^2)$ versehene obere τ-Halbebene; dann ist $\omega = y^{-2}\,dx\,dy$ das invariante Flächenelement und

$$\Delta = y^2 \left(\frac{\partial^2}{\partial x^2} + \frac{\partial^2}{\partial y^2} \right)$$

der verallgemeinerte Laplacesche oder Beltramische Operator für $\mathfrak{E}$. Für eine Grenzkreisgruppe Γ erster Art (s. [4], S. 31 ff.) fixieren wir den Begriff der automorphen Wellenfunktion wie folgt.

Definition 1: Eine automorphe Wellenfunktion zu Γ ist eine komplexwertige Funktion $z(\tau)$ mit den vier Eigenschaften:

1) $z(\tau)$ ist definiert für $\tau \in \mathfrak{E}$ und ist gegenüber den Substitutionen der Gruppe Γ invariant:

$$z(\tau) = z(S\tau) \quad \text{für} \quad S \in \Gamma.$$

2) $z(\tau)$ ist zweimal stetig differenzierbar nach x, y in $\mathfrak{E}$.

3) z erfüllt die Wellengleichung

$$- \Delta z(\tau) = \lambda z(\tau) \tag{1}$$

mit einem reellen oder komplexen Eigenparameter λ.

4) Ist $\tau = \tau_0$ (reelle Zahl oder ∞) eine parabolische Spitze von Γ und A eine normierte Matrix mit $A\tau_0 = \infty$, so gilt

$$z(A^{-1}\tau) = O(y^\alpha) \quad \text{für} \quad y \to \infty \text{ gleichmäßig in } x$$

mit geeignetem $\alpha \geq 0$. (Eine zweireihige Matrix A heißt normiert, wenn sie reell ist und die Determinante 1 hat.)

Die Forderung 4) schließt eine Klasse von Funktionen aus der Betrachtung aus, die sich von den automorphen Wellenfunktionen in ihren Fourier-Entwicklungen zu den Spitzen von Γ durch das Auftreten der Besselschen Funktionen $I_\nu(t)$ wesentlich unterscheiden (vgl. § 2).

---

[1] Mit eckigen Klammern wird auf das Literaturverzeichnis am Ende der Arbeit verwiesen.

Hauptaufgabe der vorliegenden Arbeit ist es, die Wellengleichung näher zu untersuchen und Existenzaussagen über Lösungen zu machen. Dabei haben sich Methoden der Operatoren- und Spektraltheorie des HILBERTschen Raumes bewährt, die ich hauptsächlich aus dem bekannten Buch von STONE [5] übernehme. Ganz Wesentliches verdanke ich jedoch auch den Ausarbeitungen der Vorlesungen von Herrn Professor RELLICH [6], [7] und der CARLEMANschen Arbeit [8]. Zur Erklärung des HILBERTschen Raumes $\mathfrak{H}$ sei $\mathfrak{F}$ ein abgeschlossener Fundamentalbereich von Γ in $\mathfrak{E}$, der von endlich vielen nichteuklidischen Strecken und Halbgeraden begrenzt wird und in dem keine inneren Punkte äquivalent sind.

Definition 2: Der HILBERTsche Raum $\mathfrak{H}$ bestehe aus allen komplexwertigen Funktionen $f(\tau)$, welche

1. die Eigenschaft 1) aus Def. 1 besitzen,

2. quadratisch integrierbar sind, was Meßbarkeit in bezug auf das durch ω definierte LEBESGUE-STIELTJESsche Flächenmaß[2] (ω-Maß) und die Existenz von

$$\|f\|^2 = \int_{\mathfrak{F}} |f(\tau)|^2\, \omega$$

bedeute.

$\|f\|$ heißt die Norm von f, und zwei Funktionen $f(\tau)$, $g(\tau)$ aus $\mathfrak{H}$ haben das Skalarprodukt

$$(f, g) = \int_{\mathfrak{F}} f(\tau)\, \overline{g(\tau)}\, \omega\,.$$

Zwei Funktionen aus $\mathfrak{H}$, die sich nur auf einer Menge vom ω-Maß 0 unterscheiden, werden als „Elemente" von $\mathfrak{H}$ nicht unterschieden.

Die Definition von $\mathfrak{H}$ ist offenbar von der Auswahl von $\mathfrak{F}$ unabhängig.

An häufig vorkommenden Bezeichnungen und Redeweisen sei noch folgendes vereinbart:

a) Eine Folge von Elementen f (Funktionen $f(\tau)$) aus $\mathfrak{H}$, die im Sinne der (durch die Norm definierten) Metrik von $\mathfrak{H}$ konvergiert (Mittelkonvergenz), nennen wir (im Unterschied zur gewöhnlichen Konvergenz der Funktionswerte) oft $\mathfrak{H}$-konvergent und ihren Grenzwert $\mathfrak{H}$-Grenzwert. Ähnlich nennen wir eine Menge oder Folge von Elementen aus $\mathfrak{H}$ mit beschränkter Norm $\mathfrak{H}$-beschränkt und integralartige $\mathfrak{H}$-Grenzwerte von Zerlegungssummen $\mathfrak{H}$-Integrale usw.

---

[2] Meßbarkeit bezüglich dieses Maßes bedeutet dasselbe wie (zweidimensionale) LEBESGUEsche Meßbarkeit.

b) Eine lineare Mannigfaltigkeit in $\mathfrak{H}$ sei ein Elementsystem $\mathfrak{M} < \mathfrak{H}$, das mit zwei Elementen f, g für beliebige komplexe Zahlen a, b auch stets das Element $af + bg$ enthält. Ist $\mathfrak{M}$ darüber hinaus ($\mathfrak{H}$-)abgeschlossen, d.h. enthält $\mathfrak{M}$ alle seine Häufungspunkte in $\mathfrak{H}$, so sprechen wir genauer von einem Unterraum oder Teilraum von $\mathfrak{H}$.

c) Ein System $\mathfrak{S}$ von Elementen aus einem Unterraum $\mathfrak{R}$ von $\mathfrak{H}$ ist dicht in $\mathfrak{R}$, wenn es zu jedem Element $f \in \mathfrak{R}$ eine gegen f $\mathfrak{H}$-konvergente Folge von Elementen aus $\mathfrak{S}$ gibt. Bei Dichtheit in $\mathfrak{H}$ sprechen wir von dicht schlechthin.

d) Ein Elementsystem $\mathfrak{S}$ aus einem Unterraum $\mathfrak{R}$ von $\mathfrak{H}$ heißt vollständig in $\mathfrak{R}$, wenn die Linearkombinationen von jeweils endlich vielen Elementen aus $\mathfrak{S}$ in $\mathfrak{R}$ dicht liegen; damit gleichwertig ist bekanntlich die Bedingung, daß ein Element aus $\mathfrak{R}$ notwendig verschwindet, wenn es auf allen Elementen von $\mathfrak{S}$ senkrecht steht. Bei Vollständigkeit in $\mathfrak{H}$ sprechen wir von Vollständigkeit schlechthin.

Wir werden den Operator $-\Delta^\dagger$ vorzugsweise auf folgendem Definitionsbereich $\mathfrak{D}$ betrachten:

Definition 3: Es sei $\mathfrak{D}$ die lineare Mannigfaltigkeit derjenigen Funktionen $z(\tau)$ aus $\mathfrak{H}$, welche die Eigenschaft 2) aus Def. 1 haben und für die $-\Delta z(\tau)$ in $\mathfrak{H}$ liegt.

Wir werden sehen (§ 2), daß diejenigen Lösungen der Wellengleichung (1), die in $\mathfrak{D}$ liegen, — sie sollen wie üblich die Eigenfunktionen (Eigenelemente) von $-\Delta$ zum Eigenwert λ heißen — zugleich die Eigenschaft 4) aus Def. 1 besitzen und damit automorphe Wellenfunktionen darstellen. Die Eisensteinschen Reihen, die zu den parabolischen Spitzen von Γ gehören, erweisen sich als nicht quadratisch integrierbare Wellenfunktionen.

Viele der Betrachtungen stützen sich auf die Existenz einer Greenschen Funktion (im erweiterten Sinne) für die Differentialgleichung $-\Delta z = f$. Man gewinnt sie durch Integrationen aus einem Elementardifferential dritter Gattung. Zum Kern eines Integraloperators genommen, definiert sie eine beschränkte Reziproke von $-\Delta$ in dem zur konstanten Lösung von $-\Delta z = 0$ total senkrechten Unterraum von $\mathfrak{H}$. Damit kann die wesentliche Selbst-

---

† Das Minuszeichen bewirkt, daß wir es mit einem nichtnegativ-definiten Operator zu tun haben (§ 1).

adjungiertheit von $-\varDelta$ auf $\mathfrak{D}$ (im Sinne von [5], Def. 2.12) geschlossen werden.

An Einzelergebnissen seien aufgeführt:

1. Falls Γ keine parabolischen Spitzen besitzt, hat $-\varDelta$ (in $\mathfrak{D}$) ein diskretes Spektrum, d.h. die Eigenwerte haben endliche Vielfachheit und häufen sich im Endlichen nicht; die Eigenfunktionen bilden ein vollständiges Funktionensystem (§ 6). Es gilt ein Entwicklungssatz (§ 11).

2. Falls Γ Spitzen besitzt, haben die Eigenwerte von $-\varDelta$ ebenfalls nur endliche Vielfachheit und können sich im Endlichen höchstens bei $\lambda = \frac{1}{4}$, und zwar höchstens von unten her, häufen (§ 6). $-\varDelta$ besitzt ein Streckenspektrum, welches genau die Halbgerade $\lambda \geq \frac{1}{4}$ erfüllt (§ 10). Dem Streckenspektrum entspricht das Vorhandensein von sog. Eigenpaketen (Differentiallösungen, § 9). Die Vollständigkeit des Systems der Eigenfunktionen und Eigenpakete von $-\varDelta$ erhält in einer Vollständigkeitsrelation und einem Entwicklungssatz Ausdruck (§ 11). Hier treten HELLINGERsche Integrale auf.

3. Im Falle der Modulgruppe M und allgemeiner der Hauptkongruenzgruppen $M(Q)$ zur Stufe Q, bestehend aus den Modulsubstitutionen

$$\begin{pmatrix} a & b \\ c & d \end{pmatrix} \equiv \pm \begin{pmatrix} 1 & 0 \\ 0 & 1 \end{pmatrix} \pmod{Q},$$

besitzt $-\varDelta$ unendlich viele Eigenwerte (§ 6), und das Streckenspektrum hat über $\lambda \geq \frac{1}{4}$ die Vielfachheit N, wobei N die Spitzenzahl von $M(Q)$ ist (§ 14). Ein maximales Orthogonalsystem von N das Streckenspektrum bestimmenden Eigenpaketen kann explizit angegeben werden (§§ 12, 13). Es entsteht durch Integration der primitiven EISENSTEINschen Reihen nach dem Eigenparameter λ. Abgesehen von der Konstanten sind alle Eigenfunktionen Spitzenfunktionen, und der von den Spitzenfunktionen aufgespannte Unterraum ist durch das Verschwinden der nullten FOURIER-Koeffizienten seiner Elemente charakterisiert (§ 15).

4. Im Falle der HECKEschen Gruppen $G(\varkappa)$, die von den Matrizen $\begin{pmatrix} 0 & 1 \\ -1 & 0 \end{pmatrix}, \begin{pmatrix} 1 & \varkappa \\ 0 & 1 \end{pmatrix}$ mit gewissen Zahlen $0 < \varkappa < 2$ erzeugt werden, existieren ebenfalls unendlich viele Eigenfunktionen (§ 6). Im Beweise wird die Symmetrie eines Fundamentalbereichs ausgenutzt.

Ein rohes Abschätzungsverfahren für den kleinsten positiven Eigenwert wird angegeben (§ 7).

Die Ergebnisse im Falle allgemeiner Gruppen Γ mit parabolischen Spitzen bleiben hinter denen für die Gruppen $M(Q)$ so sehr zurück, weil die EISENSTEINschen Reihen

$$\sum_{c,\,d} \frac{y^{s/2}}{|c\,\tau + d|^s}$$

noch nicht allgemein bis auf die Gerade $\operatorname{Re} s = 1$ analytisch fortgesetzt, geschweige denn hinreichend bekannt sind. Ein in dieser Richtung liegendes Ergebnis beabsichtige ich bald zu veröffentlichen.

5. Die Ergebnisse lassen sich auf die Frage anwenden, ob die von Herrn Professor MAASS jeder SIEGELschen Modulform zweiten Grades zugeordneten DIRICHLETschen Reihen diese Modulform umgekehrt bestimmen (vgl. [3], S. 90). Diese Umkehrbarkeit ist tatsächlich vorhanden, wenn man das System der zugeordneten DIRICHLET-Reihen durch eine kontinuierliche Schar weiterer Reihen ergänzt, welche vermittels der EISENSTEIN-Reihe zu M in analoger Weise gebildet werden wie die anderen mit den Eigenfunktionen. Die Umkehrbarkeit beruht auf der Vollständigkeit des Systems der Eigenfunktionen und Eigenpakete von $-\varDelta$.

Die vermittels der EISENSTEIN-Reihe gebildeten DIRICHLETschen Reihen haben ein entsprechendes analytisches Verhalten wie die mit den Eigenfunktionen gebildeten Reihen. Insbesondere besteht wieder eine Funktionalgleichung vom Typ [3], (98). Dabei hat jetzt der zu [3], (97) analoge Ausdruck Polstellen, deren Lage vom Scharparameter r abhängt. r ist mit dem Eigenparameter λ durch $\lambda = \frac{1}{4} + r^2, r \geq 0$ verbunden. Die Residuen in den Polstellen sind durch die Funktion φ^* aus [3], (40) bestimmt.

Viele, auch bekannteste Definitionen aus der Operatorentheorie werden angeführt, um allzu viele Literaturverweise zu vermeiden. Die Einführung der Eigenpakete ist recht ausführlich gehalten, um den Zusammenhang mit dem STONEschen Buch, das diesen Begriff nicht benutzt, nicht abreißen zu lassen und so eine gewisse Einheitlichkeit im operatorentheoretischen Teil zu wahren. In der Darstellung war ich bemüht, das Allgemeine an den Schlüssen hervortreten zu lassen. So wird der operatorentheoretisch gebildete Leser manche Ausführungen schnell überblicken und übergehen können. Sie sind wohl damit zu rechtfertigen, daß solche Hilfsmittel bisher in der Theorie der automorphen Funktionen keine Verwendung gefunden hatten.

Herrn Professor MAASS danke ich für die Anregung zu dieser Arbeit.

§ 1. Die Symmetrie des Operators $-\varDelta$ auf $\mathfrak{D}$.

Definition 4: Ein Operator A (in $\mathfrak{H}$) mit einer dichten linearen Mannigfaltigkeit $\mathfrak{D}_A$ als Definitionsbereich heißt symmetrisch, wenn für alle Elemente $f, g \in \mathfrak{D}_A$ und komplexe Zahlen c die Linearitätseigenschaften

$$A\,(c\,f) = c\,(A\,f), \qquad A\,(f + g) = A\,f + A\,g$$

und die Vertauschungsrelation

$$(A\,f, g) = (f, A\,g)$$

erfüllt sind.

Um zu zeigen, daß $-\varDelta$ auf $\mathfrak{D}$ (S. 6, Def. 3) symmetrisch ist, bemerken wir zunächst, daß die lineare Mannigfaltigkeit $\mathfrak{D}$ dicht ist, denn nach einfachen Überlegungen und Sätzen der LEBESGUEschen Integrationstheorie liegen bereits diejenigen Funktionen aus $\mathfrak{D}$ in $\mathfrak{H}$ dicht, die in der Nähe des Randes von $\mathfrak{F}$ (S. 5) identisch verschwinden. $-\varDelta$ auf $\mathfrak{D}$ ist offenbar ein linearer Operator. Seine Symmetrie:

$$(-\varDelta f, g) = (f, -\varDelta g) \tag{2}$$

wird erkannt sein, wenn wir sogar zeigen: Für $f(\tau)$ und $g(\tau)$ aus $\mathfrak{D}$ gilt:

$$\int\limits_{\mathfrak{F}} -\varDelta f(\tau)\,\overline{g(\tau)}\,\omega = \int\limits_{\mathfrak{F}} y^2 \left(f_x(\tau)\,\overline{g_x(\tau)} + f_y(\tau)\,\overline{g_y(\tau)} \right) \omega \tag{3}$$

(die Indizes x, y bezeichnen partielle Ableitungen). Die Existenz der linken Seite von (3) ist durch die Voraussetzung gesichert. Wie man leicht feststellt, bedeutet es für den Beweis von (3) keine Einschränkung der Allgemeinheit, f und g reell vorauszusetzen. Dann genügt es aber schon, den Fall $f = g$ zu behandeln, von dem man durch die Ersetzung $f \to f + g$ zum allgemeineren gelangt. Es bedeutet ferner keine Einschränkung der Allgemeinheit, über das auf S. 5 Gesagte hinaus vorauszusetzen, daß $\mathfrak{F}$ in der Umgebung einer jeden seiner Spitzen τ_0 (falls vorhanden) aus dem Bilde des Bereiches

$$\mathfrak{B}_Y: \quad \tau = x + iy, \quad 0 \leq x \leq 1, \quad y \geq Y \quad (Y > 0 \text{ hinr. groß}) \tag{4}$$

bei der Abbildung $\tau \to A^{-1}\tau$ besteht, wobei A eine geeignete Matrix der in Def. 1, 4) genannten Art ist. Eine normierte Matrix A, die eine Spitze τ_0 von Γ nach ∞ wirft, derart, daß $\begin{pmatrix} 1 & 1 \\ 0 & 1 \end{pmatrix}$ und $\begin{pmatrix} -1 & 0 \\ 0 & -1 \end{pmatrix}$ die Gruppe der parabolischen Substitutionen von $A\Gamma A^{-1}$ zur Spitze ∞ erzeugen, nennen wir künftig eine „zu τ_0 gehörige Matrix"; verschiedene „zugehörige" Matrizen können sich nur um linksseitige Faktoren $\pm \begin{pmatrix} 1 & * \\ 0 & 1 \end{pmatrix}$ unterscheiden. $\mathfrak{F}$ enthält dann aus jeder der endlich vielen Klassen äquivalenter Spitzen von Γ genau einen Vertreter. Wir bezeichnen sie mit $\tau_1, \tau_2, \ldots, \tau_N$ und ein festes System zugehöriger Matrizen der vorhin genannten Art mit $A_1, A_2, \ldots, A_N$. Wendet man nun eine Greensche Umformung auf den Bereich

$$\mathfrak{F}_Y = \mathfrak{F} - \sum_{\nu=1}^{N} A_\nu^{-1} \mathfrak{B}_Y \tag{5}$$

und den Integranden $f \Delta f$ an, so heben sich in dem unter anderem auftretenden Randintegral die Beiträge äquivalenter Randstücke auf, und es verbleiben nur die Beiträge der „Querschnitte", die die Bilder der Strecke $y = Y$, $0 \leq x \leq 1$ bei den Substitutionen A_ν^{-1} sind. Man erhält

$$\left. \begin{aligned} J(Y) &= \int\limits_{\mathfrak{F}_Y} [f \Delta f + y^2 (f_x^2 + f_y^2)]\, \omega = \sum_{\nu=1}^{N} \int\limits_0^1 f_\nu f_{\nu y}\, dx \Big|_{y=Y} \\ &= \frac{1}{2} \sum_{\nu=1}^{N} \frac{\partial}{\partial y} \int\limits_0^1 f_\nu^2(\tau)\, dx \Big|_{y=Y}, \end{aligned} \right\} \tag{6}$$

wobei f_ν die transformierte Funktion $f_\nu(\tau) = f(A_\nu^{-1}\tau)$ bezeichnet. Zum Nachweis von (3) für reelles $f = g$ ist $\lim\limits_{Y \to \infty} J(Y) = 0$ zu zeigen. Da nun $\int\limits_{\mathfrak{F}} f \Delta f\, \omega$ existiert und $\int\limits_{\mathfrak{F}_Y} y^2 (f_x^2 + f_y^2)\, \omega$ mit Y monoton wächst, muß $J(Y)$ für $Y \to \infty$ entweder nach $+\infty$ oder nach einem endlichen Grenzwert streben. Die Annahme, daß der behauptete Grenzwert 0 nicht vorliegt, würde also bedeuten: Es gibt ein $\varepsilon > 0$ und ein $Y_0 > 0$, so daß $J(Y) \geq \varepsilon$ für alle $Y \geq Y_0$ oder $J(Y) \leq -\varepsilon$ gilt. Wegen (6) ist nun aber für $Y \geq Y_0$

$$\int\limits_{Y_0}^{Y} \int\limits_{Y_0}^{y} J(\eta)\, d\eta\, \frac{dy}{y^2} = \frac{1}{2} \sum_{\nu=1}^{N} \int\limits_{Y_0}^{Y} \int\limits_0^1 f_\nu^2(\tau)\, \frac{dx\, dy}{y^2} -$$

$$- \frac{1}{2} \sum_{\nu=1}^{N} \int\limits_0^1 f_\nu^2(x + iY_0)\, dx \cdot \int\limits_{Y_0}^{Y} \frac{dy}{y^2}$$

und der Limes der rechten Seite für $Y \to \infty$ existiert wegen $f \in \mathfrak{H}$. Andererseits hätte man bei $J(Y) \geq \varepsilon$ oder $\leq -\varepsilon$ für $Y \geq Y_0$ für die linke Seite die Abschätzung

$$\left|\int\limits_{Y_0}^{Y}\int\limits_{Y_0}^{y} J(\eta)\, d\eta\, \frac{dy}{y^2}\right| \geq \int\limits_{Y_0}^{Y}\int\limits_{Y_0}^{y} \varepsilon\, d\eta\, \frac{dy}{y^2} = \varepsilon \int\limits_{Y_0}^{Y} \frac{y-Y_0}{y^2}\, dy$$

und dies divergiert für $Y \to \infty$. Damit ist der gewünschte Widerspruch herbeigeführt, und (2) und (3) sind bewiesen.

Bevor wir die ersten einfachen Folgerungen aus dem Bewiesenen ziehen, sei noch auf eine Auffassung hingewiesen, die dem invarianten Charakter vieler unserer Überlegungen am besten entspricht. Da Γ eine Grenzkreisgruppe von erster Art ist, geht $\mathfrak{F}$ bekanntlich durch Identifizieren äquivalenter Randpunkte und Einbeziehen der parabolischen Spitzen in eine geschlossene Fläche $\overline{\mathfrak{F}}$ über, die durch Einführen geeigneter Ortsuniformisierender (O.U.) zu einer RIEMANNschen wird ([4], S. 35 und 37). $\mathfrak{E}$ ist dann universelle Überlagerungsfläche von $\overline{\mathfrak{F}}$; Verzweigungen finden in den endlich vielen (elliptischen) „Ecken" und (parabolischen) „Spitzen" von $\overline{\mathfrak{F}}$ statt. Zu einem Punkte $\mathfrak{p}_0$ von $\overline{\mathfrak{F}}$ mit τ_0 als Vertreter in $\mathfrak{E}$ kann die O.U. $t=\left(\dfrac{\tau-\tau_0}{\tau-\overline{\tau}_0}\right)^n$ benutzt werden, wobei τ in einer kleinen Umgebung von τ_0 liegt und $n-1$ die Verzweigungsordnung von $\mathfrak{E}$ über $\mathfrak{p}_0$ bezeichnet ($n=1$ bei Unverzweigtheit). In den Spitzen $\mathfrak{Z}_\nu (\nu=1,\ldots,N)$ von $\overline{\mathfrak{F}}$, die den Spitzen $\tau_1,\ldots,\tau_N$ von S. 10 umkehrbar eindeutig zuzuordnen sind, können die O.U. $t_\nu = e^{2\pi i A_\nu \tau}$ (A_ν s. S. 10) genommen werden. Dieses System von O.U. auf $\overline{\mathfrak{F}}$ wollen wir beibehalten. $t=u+iv$ sei in fester Schreibweise die Zerlegung von t in Real- und Imaginärteil. — Auf die in ihren Ecken und Spitzen punktierte Fläche $\overline{\mathfrak{F}}$, genannt $\overset{\cdot\cdot}{\mathfrak{F}}$, kann die Metrik von $\mathfrak{E}$ offenbar direkt übertragen werden. Dadurch wird $\overset{\cdot}{\overline{\mathfrak{F}}}$ zu einer RIEMANNschen Mannigfaltigkeit konstanter negativer Krümmung und von demselben endlichen hyperbolischen Flächeninhalt $F=\int\limits_{\overline{\mathfrak{F}}} \omega$ wie $\mathfrak{F}$. In den jeweiligen O.U. von $\overset{\cdot}{\overline{\mathfrak{F}}}$ behalten dann ω und $\varDelta$ eine reguläre Gestalt:

$$\omega = \frac{4\,du\,dv}{[1-(u^2+v^2)]^2}\,, \qquad \varDelta = \frac{1}{4}\,[1-(u^2+v^2)]^2\left(\frac{\partial^2}{\partial u^2}+\frac{\partial^2}{\partial v^2}\right). \qquad (7)$$

Dagegen findet man in der Nähe einer Ecke $\mathfrak{e}$ der Verzweigungsordnung $n-1$ in der O.U. von $\mathfrak{e}$

$$\omega = \frac{4\,du\,dv}{n^2(u^2+v^2)^{\frac{n-1}{n}}\left[1-(u^2+v^2)^{\frac{1}{n}}\right]^2} \qquad (8)$$

(was auch für $n=1$ mit gilt) und in der Nähe einer Spitze $\mathfrak{s}$ in ihrer O. U.

$$\omega = \frac{4\,du\,dv}{(u^2 + v^2)\,\ln^2(u^2 + v^2)}\,.\tag{9}$$

$\overline{\mathfrak{F}}$ ist also eine Riemannsche Mannigfaltigkeit mit Singularitäten in den Verzweigungsstellen. Die Invarianz vieler Überlegungen tritt nun deutlich hervor, wenn man alle auftretenden automorphen Funktionen $f(\tau)$ als Funktionen $f(\mathfrak{p})$ auf $\overline{\mathfrak{F}}$ auffaßt, alle über $\mathfrak{F}$ erstreckten Integrale durch Integrale über $\overline{\mathfrak{F}}$ ersetzt usw. Jedoch bringt diese Betrachtungsweise nur gelegentlich tatsächliche Vorteile mit sich; in vielen Fällen sind „Überlegungen in $\mathfrak{E}$" das allein Angebrachte.

Aus (2) und (3) folgern wir:

Satz 1: $-\varDelta$ auf $\mathfrak{D}$ ist ein nichtnegativ-definiter Operator, d.h. es ist

$$(-\varDelta f, f) \geq 0 \quad \text{für} \quad f \in \mathfrak{D}.$$

Alle Eigenwerte von $-\varDelta$ sind also reell und nichtnegativ. Zu verschiedenen Eigenwerten gehörige Eigenfunktionen sind orthogonal, 0 ist einfacher Eigenwert und die zugehörige Eigenfunktion ist die Konstante.

Beweis: Die Definitheitsaussage ist in (3) enthalten. Die Orthogonalitätsaussage folgt aus (2), wenn für f und g Eigenfunktionen zu verschiedenen Eigenwerten genommen werden. Die quadratische Integrierbarkeit der konstanten Funktion ist gleichwertig mit der Endlichkeit des Inhalts F von $\mathfrak{F}$. Daß die homogene Gleichung $-\varDelta z = 0$ in $\mathfrak{D}$ keine anderen Lösungen hat als die konstante, lehrt (3), wenn man dort eine Lösung einsetzt.

§ 2. Betrachtungen mit den Fourierschen Entwicklungen der Wellenfunktionen.

$z(\tau)$ sei eine beliebige automorphe Wellenfunktion. Ist τ_0 eine Spitze von Γ und A eine zugehörige Matrix (S. 10), so kommt die Invarianz von z bei den zu τ_0 gehörigen parabolischen Substitutionen aus Γ auf die Periodizität $z_0(\tau) = z_0(\tau+1)$ der transformierten Funktion $z_0(\tau) = z(A^{-1}\tau)$ hinaus. $z_0(\tau)$ ist offenbar eine automorphe Wellenfunktion zu der transformierten Gruppe $A\Gamma A^{-1}$. Für die Fourier-Koeffizienten der absolut und bezüglich x gleichmäßig konvergenten Entwicklung

$$z_0(\tau) = \sum_{n=-\infty}^{\infty} a_n(y)\, e^{2\pi i n x}\tag{10}$$

ergeben sich Differentialgleichungen mit den allgemeinen Lösungen

$$a_0(y) = \begin{cases} b_0 y^{\frac{1}{2}-ir} + c_0 y^{\frac{1}{2}+ir} & \text{für} \quad r \neq 0 \\ b_0 y^{\frac{1}{2}} + c_0 y^{\frac{1}{2}} \ln y & \text{für} \quad r = 0 \end{cases} \left.\right\} \quad (11)$$
$$a_n(y) = b_n y^{\frac{1}{2}} K_{ir}(2\pi |n| y) + c_n y^{\frac{1}{2}} I_{ir}(2\pi |n| y) \quad \text{für} \quad n \neq 0.$$

Hierbei bedeuten b_n, c_n Konstanten, $K_\nu(t)$ und $I_\nu(t)$ die bekannten BESSELschen Funktionen zu rein imaginärem Argument, und r hängt mit dem Eigenparameter λ durch

$$\lambda = \tfrac{1}{4} + r^2 \qquad (12)$$

zusammen. Aus

$$a_n(y) = \int_0^1 z_0(\tau) e^{-2\pi i n x} dx,$$

dem exponentiellen Wachstum von $I_\nu(t)$ und dem exponentiellen Verschwinden von $K_\nu(t)$ für $t \to +\infty$ folgt nun mit Rücksicht auf Forderung 4) aus Def. 1, daß die c_n für $n \neq 0$ verschwinden. Also gilt

$$z_0(\tau) = a_0(y) + \sum_{n \neq 0} b_n y^{\frac{1}{2}} K_{ir}(2\pi |n| y) e^{2\pi i n x} \qquad (13)$$

mit $a_0(y)$ aus (11). Um r eindeutig festzulegen, verabreden wir

$$\begin{aligned} \text{Im}\, r < 0 \quad & \text{für} \quad \text{Im}\, r \neq 0 \\ \text{Re}\, r \gtreqless 0 \quad & \text{für} \quad \text{Im}\, r = 0 \end{aligned} \left.\right\} \qquad (14)$$

so daß für $c_0 \neq 0$ das mit b_0 behaftete Glied aus (11) für $y \to \infty$ jedenfalls nicht stärker wächst als das zu c_0 gehörige. Das letztere ist dann das Glied stärksten Wachstums in (13); denn aus dem asymptotischen Verhalten der BESSELschen Funktionen K_ν erhält man leicht die folgenden Eigenschaften der Summe $S(\tau) = z_0(\tau) - a_0(y)$ aus (13):

1. $S(\tau)$ konvergiert gleichmäßig in jedem τ-Bereich $\text{Im}\, \tau \geq y_0$ mit festem $y_0 > 0$.

2. $S(\tau)$ verschwindet für $y \to \infty$ gemäß $S(\tau) - O(e^{-2\pi y})$, und zwar gleichmäßig in x.

Wir sehen nun zu, was es ausmacht, wenn die Voraussetzungen über $z(\tau)$ so abgeändert werden, daß die Forderung $z \in \mathfrak{H}$ an die Stelle der O-Aussage in Def. 1, 4) tritt. Für $z_0(\tau)$ ergibt sich zunächst wieder eine Entwicklung der Gestalt (10) mit Koeffizienten der Gestalt (11). Die Forderung der quadratischen Integrierbarkeit von z hat aber für z_0 insbesondere die Existenz von

$$J = \int\limits_Y^\infty \int\limits_0^1 |z_0(\tau)|^2\, dx\, \frac{dy}{y^2}$$

für hinreichend großes Y zur Folge und nach der Vollständigkeitsrelation die von

$$J = \int\limits_Y^\infty \sum_{n=-\infty}^\infty |a_n(y)|^2 \frac{dy}{y^2}. \tag{15}$$

Wegen (11) ist dies nur möglich, wenn wieder $c_n = 0$ für $n \neq 0$ ist. Dann erhält man aber mit dem oben über $S(\tau)$ Bemerkten, daß $z_0(\tau)$ auch wieder die O-Aussage von 4) aus Def. 1 erfüllt, und da dies für alle Spitzen gilt, haben wir: Alle Eigenfunktionen von $-\varDelta$ sind Wellenfunktionen im Sinne der Def. 1. Für Grenzkreisgruppen ohne Spitzen ist das trivial.

In den Darstellungen (11) der nullten FOURIER-Koeffizienten $a_0(y)$ von Eigenfunktionen gilt bei unserer Vereinbarung (14)

$$c_0 = 0 \quad \text{stets}, \quad b_0 = 0 \quad \text{falls} \quad \lambda \geq \tfrac{1}{4}, \tag{16}$$

d.h. die Eigenfunktionen sind unter den Wellenfunktionen auch dadurch charakterisiert, daß sie die O-Aussage aus Def. 1, 4) mit $\alpha < \tfrac{1}{2}$ erfüllen. Wegen der Definitheit von $-\varDelta$ ist nur für $\lambda \geq 0$ etwas zu beweisen. Da wieder (15) existieren muß, existiert insbesondere der Beitrag von $a_0(y)$. Beachtet man nun, daß für $0 \leq \lambda < \tfrac{1}{4}$ nach (14) $0 < ir \leq \tfrac{1}{2}$ ist, so ist sofort $c_0 = 0$ zu schließen. Für $\lambda = \tfrac{1}{4}$ ist $r = 0$, und man erhält aus (11) entsprechend zuerst $c_0 = 0$, danach $b_0 = 0$. Für $\lambda \geq \tfrac{1}{4}$ schließlich ist r reell und der Beitrag von $a_0(y)$ zu (15) gleich

$$\int\limits_Y^\infty |b_0 + c_0 y^{2ir}|^2 \frac{dy}{y}.$$

Nach der Substitution $y = e^\varphi$ erkennt man $b_0 = c_0 = 0$. Die Gln. (16) sind offenbar notwendig und hinreichend dafür, daß die Wellenfunktion $z(\tau)$ eine Eigenfunktion ist. Diejenigen Wellenfunktionen, deren nullte FOURIER-Koeffizienten sämtlich verschwinden, heißen Spitzenfunktionen. Sie sind unter den Wellenfunktionen durch ihr Verschwinden in allen Spitzen charakterisiert.

Im Falle der Modulgruppe M und der Gruppen M(Q) sind alle nichtkonstanten Eigenfunktionen Spitzenfunktionen. Das werden wir aus folgendem allgemeinen Satz aus [2], S. 169 schließen, den wir zugleich für spätere Zwecke wie folgt formulieren:

Satz 2: Es sei $\tau_1, \ldots, \tau_N$ ein vollständiges System inäquivalenter Spitzen von Γ und $A_1, \ldots, A_N$ ein System zugehöriger Matrizen. Jeder atuomorphen Wellenfunktion $z(\tau)$ zu Γ ordnen wir den Vektor

$$\mathfrak{a} = \left\{ a_0^{(1)}(y), \ldots, a_0^{(N)}(y) \right\}$$

zu, dessen Komponenten $a_0^{(\nu)}(y)$ die nullten FOURIER-Koeffizienten der transformierten Funktionen $z(A_\nu^{-1}\tau)$ sind. Dann gilt: In der linearen Schar der Vektoren, die in dieser Weise den Wellenfunktionen zu einem festen λ-Wert zugeordnet sind, gibt es höchstens N linear unabhängige. Sind $z(\tau)$ und $\hat{z}(\tau)$ zwei Wellenfunktionen zu demselben λ-Wert und haben $b_0^{(\nu)}, c_0^{(\nu)}, \hat{b}_0^{(\nu)}, \hat{c}_0^{(\nu)}$ für $z(A_\nu^{-1}\tau), \hat{z}(A_\nu^{-1}\tau)$ eine analoge Bedeutung wie b_0, c_0 aus (11) bezüglich $z_0(\tau)$ von S. 12, so gilt die Bilinearrelation

$$\sum_{\nu=1}^{N} \left(b_0^{(\nu)} \hat{c}_0^{(\nu)} - c_0^{(\nu)} \hat{b}_0^{(\nu)} \right) = 0. \tag{17}$$

Wegen des Beweises sei auf [2], S. 169ff. verwiesen.

Wir wenden diesen Satz mit $\Gamma = \mathsf{M}(Q)$ auf das System der N primitiven EISENSTEIN-Reihen an, die zu den N Klassen äquivalenter Spitzen von $\mathsf{M}(Q)$ zu bilden sind. Bekanntlich ist

$$N = \tfrac{1}{2}\, \delta_Q\, Q^2 \prod_{p \mid Q} (1 - p^{-2}) \tag{18}$$

mit

$$\delta_Q = \begin{cases} 2 & \text{für} \quad Q = 1, 2, \\ 1 & \text{für} \quad Q > 2. \end{cases} \tag{19}$$

Sind $\tau_\nu = -a_{2\nu}/a_{1\nu}$ $(\nu = 1, \ldots, N)$ Darstellungen eines Systems inäquivalenter Spitzen τ_ν als Quotienten ganzrationaler teilerfremder Zahlen $a_{1\nu}, a_{2\nu}$, so sind die primitiven EISENSTEIN-Reihen durch

$$E^*\bigl(\tau, s; (a_{1\nu}, a_{2\nu}), Q\bigr) = \sum_{\substack{m_i \equiv a_{i\nu}(Q) \\ (m_1, m_2) = 1}} \frac{y^{s/2}}{|m_1\tau + m_2|^s} \qquad (\nu = 1, \ldots, N) \tag{20}$$

definiert. Wegen der Transformationseigenschaft

$$E^*\bigl(S\tau, s; (a_1, a_2)\, Q\bigr) = E^*\bigl(\tau, s; (a_1, a_2)\, S, Q\bigr) \tag{21}$$

für $S \in \mathsf{M}$, die aus [2], (108), (122) folgt, hängt $E^*\bigl(\tau, s; (a_1, a_2), Q\bigr)$ hinsichtlich (a_1, a_2) nur von der durch $\tau = -a_2/a_1$ bestimmten Klasse äquivalenter Spitzen von $\mathsf{M}(Q)$ ab. Nach [2], S. 162—165 ist jede dieser Reihen eine automorphe Wellenfunktion zu $M(Q)$ und

$$\lambda = \frac{s(2-s)}{4} \tag{22}$$

und als meromorphe Funktion von s in die ganze s-Ebene fortsetzbar, und der Bereich $\operatorname{Re} s \geq 1$ mit Ausnahme von $s=2$, wo ein Pol erster Ordnung vorliegt, gehört zu ihrem Regularitätsbereich. In dem Bereich $\operatorname{Re} s \geq 1$, $s \neq 1, 2$ sind die Reihen linear unabhängig, da die in [2], S. 165—166 geführten Überlegungen auch in diesem Bereich gelten, und zwar sind bereits die Vektoren

$$\mathfrak{a}_\nu = \left\{ a_{0\nu}^{(1)}(y), \ldots, a_{0\nu}^{(N)}(y) \right\} \qquad (\nu = 1, \ldots, N),$$

die ihnen im Sinne von Satz 2 zugeordnet sind, linear unabhängig. Auf Grund der Angaben in [2], S. 165, 166 stellt man fest, daß in dem zur Spitze τ_μ ($\mu = 1, \ldots, N$) gehörigen Koeffizienten von $E^*\big(\tau, s; (a_{1\nu}, a_{2\nu}), Q\big)$,

$$a_{0\nu}^{(\mu)}(y) = a_{0\nu}^{(\mu)}(y, s) = b_{0\nu}^{(\mu)}(s)\, y^{1-s/2} + c_{0\nu}^{(\mu)}(s)\, y^{s/2}, \tag{23}$$

$c_{0\nu}^{(\mu)}(s)$ genau dann $\neq 0$ ist, wenn $\mu = \nu$ ist; d.h. insbesondere, daß keine nichtverschwindende Linearkombination der primitiven Reihen (in dem zuletzt genannten s-Bereich) als Funktion von τ in $\mathfrak{H}$ liegt. Schließt man noch den Fall $s = 1 - 2ir$ mit $r > 0$ aus, so ist der Zusammenhang zwischen den s des betrachteten Bereichs und den gemäß (22), (12) und (14) aus $\lambda = \frac{s(2-s)}{4}$ eindeutig hinzubestimmten r durch

$$s = 1 + 2ir \tag{24}$$

gegeben.

Nun können wir [2], Satz 11 wie folgt ergänzen:

Satz 3: Im Falle $\Gamma = M(Q)$ wird die lineare Schar der automorphen Wellenfunktionen zu jedem von 0 und $\frac{1}{4}$ verschiedenen λ von den N [s. (18)] linear unabhängigen primitiven EISENSTEIN-Reihen mit $s = 1 + 2ir$ [s gemäß (24), (12), (14) bestimmt] und den zu λ gehörigen (eventuell nicht vorhandenen) Eigenfunktionen aufgespannt. Alle nichtkonstanten Eigenfunktionen sind Spitzenfunktionen. Im Falle $\lambda = 0$ hat die lineare Schar der Wellenfunktionen den Rang N und wird von der konstanten Eigenfunktion und den in $s = 2$ noch regulären Differenzen

$$E^*\big(\tau, s; (a_{1\nu}, a_{2\nu}), Q\big) - E^*\big(\tau, s; (a_{11}, a_{21}), Q\big)\big|_{s=2} \qquad (\nu = 1, \ldots, N) \tag{25}$$

aufgespannt.

Beweis: Der Bereich $\operatorname{Re} s \geq 1$, ausschließlich $s = 2$ und $s = 1 - 2ir$ mit $r \geq 0$, wird durch (22) auf die in 0 und $\frac{1}{4}$ punktierte λ-Ebene eineindeutig abgebildet. Die oben zitierte Tatsache, daß die Vektoren $\mathfrak{a}_\nu$ $(\nu = 1, \ldots, N)$ bereits linear unabhängig sind, bedeutet dann gerade, daß für $\lambda \neq 0, \frac{1}{4}$ jede Wellenfunktion durch Subtraktion einer geeigneten Linearkombination der Reihen E^* auf eine Spitzenfunktion reduziert werden kann. Die Reduktion kann nach dem, was über das Verschwinden von $c_{0\nu}^{(\mu)}$ hinter (23) festgestellt wurde, offenbar in der Form stattfinden, daß man nacheinander die zu den Spitzen gehörigen Koeffizienten $c_0^{(\mu)}$ von $z(\tau)$ mit Hilfe der zugehörigen Reihen E^* zum Verschwinden bringt. Nun ist auch klar, daß jede nichtkonstante Eigenfunktion Spitzenfunktion ist; denn sonst verschwände ja die reduzierende Linearkombination primitiver Reihen nicht und läge also nach dem obigen nicht in $\mathfrak{H}$, während das für die Ausgangsfunktion und für das Ergebnis der Reduktion zutrifft. — Es bleibt die Behauptung für den Fall $\lambda = 0$ zu beweisen. Die Regularität der Differenzen folgt aus [2], S. 164, (122), der Regularität der darin auftretenden $c(s, t, Q)$ in $s = 2$ $\bigl(\text{s. } [2], (127)\bigr)$ und der Tatsache, daß in [2], (129) das erste Glied rechts gemäß [2], (130) die Gestalt $c\,y^{s/2}$ mit einer von s unabhängigen Konstanten c hat und daß im zweiten Glied die Residuen in den Polstellen erster Ordnung der Funktionen $\zeta(s - 1, t a_1, Q)$ von $t a_1$ nicht abhängen, so daß sich die Pole in den Differenzen (25) heraushcbcn. Andererseits folgt aus dem Verhalten der E^* in den Spitzen, daß diesen $N - 1$ Differenzen $N - 1$ linear unabhängige Vektoren $\mathfrak{a}$ im Sinne von Satz 2 entsprechen, aus denen der zur Eigenfunktion 1 gehörige Vektor $\{1, \ldots, 1\}$ nicht linear kombiniert werden kann. Die $N - 1$ Differenzen (25) zuzüglich der konstanten Eigenfunktion bilden daher ein System von N linear unabhängigen Wellcnfunktioncn mit N linear unabhängigen zugeordneten Vektoren $\mathfrak{a}$. Nach Satz 2 kann dann jede Wellenfunktion zu $\lambda = 0$ auf eine Spitzenfunktion reduziert werden. Da die konstante die einzige Eigenfunktion zu $\lambda = 0$ ist, folgt unsere Behauptung, und Satz 3 ist völlig bewiesen.

Die Frage, ob Wellenfunktionen zu einigen $M(Q)$ für $\lambda = \frac{1}{4}$ existieren, die keine Linearkombinationen aus EISENSTEINschen Reihen und Spitzenfunktionen sind, bleibt offen (vgl. [2], Satz 11 und 9, wonach jedenfalls $Q \neq 1, 2, 3, 4, 6$ sein müßte).

Im Falle $\lambda = 0$ läßt sich allgemein noch folgendes sagen:

Satz 4: Für eine beliebige Grenzkreisgruppe Γ von erster Art mit Spitzen ist der Rang der linearen Schar der automorphen Wellenfunktionen zu $\lambda = 0$ gleich N, der Maximalzahl inäquivalenter Spitzen von Γ. Eine Basis dieser linearen Schar besteht aus der konstanten Eigenfunktion und den folgenden, in $\mathfrak{E}$ zu übertragenden und nur für $N \geqq 2$ auftretenden Funktionen auf $\overline{\mathfrak{F}}$:

$$z_\nu(\mathfrak{p}) = \mathrm{Re} \int_{\mathfrak{p}_\nu}^{\mathfrak{p}} dw_\nu, \qquad \nu = 2, \ldots, N. \tag{26}$$

Dabei bedeutet $\mathfrak{p}_\nu$ für jedes ν einen beliebigen, von den Spitzen verschiedenen festen Punkt, $\mathfrak{p}$ den variablen Argumentpunkt und dw_ν dasjenige Elementardifferential dritter Gattung auf $\overline{\mathfrak{F}}$, welches rein imaginäre Perioden und in den Spitzen $\mathfrak{s}_1, \mathfrak{s}_\nu$ (S. 11) die Residuen $+1$ bzw. -1 hat.

Beweis: Nach Satz 2 und der Tatsache, daß es zu $\lambda = 0$ keine Spitzenfunktionen gibt, ist der Rang der genannten linearen Schar höchstens N. Im Falle $N = 1$ erzeugt also die konstante Eigenfunktion bereits die Schar (ebenso wie wenn Γ keine Spitzen hätte). Nach der Erklärung von dw_ν im Falle $N \geqq 2$ stellen die Funktionen z_ν aus (26), aufgefaßt als Funktionen von τ, in ganz $\mathfrak{E}$ definierte, eindeutige, zweimal stetig differenzierbare Funktionen dar, welche $-\Delta z = 0$ befriedigen. Abgesehen von Umgebungen der Punkte $\mathfrak{s}_1, \mathfrak{s}_\nu$ ist z_ν auf $\overline{\mathfrak{F}}$ beschränkt. Bei $\mathfrak{s}_1$ bzw. $\mathfrak{s}_\nu$ ist das Verhalten von $z_\nu(\mathfrak{p})$ in den zuständigen O.U. $t(\mathfrak{p})$ durch

$$z_\nu(\mathfrak{p}) = \left\{ \begin{array}{l} \mathrm{Re}\left(+\ln t + f(t)\right) \quad \text{bzw.} \\ \mathrm{Re}\left(-\ln t + f(t)\right) \end{array} \right\} \tag{27}$$

beschrieben, wobei $f(t)$ eine reguläre analytische Funktion von t bezeichnet. (27) liefert in τ-Koordinaten, welche $\mathfrak{s}_1$ bzw. $\mathfrak{s}_\nu$ dem Punkt ∞ entsprechen lassen, als nullte Fourier-Koeffizienten der Entwicklungen von z_ν in $\mathfrak{s}_1$ bzw. $\mathfrak{s}_\nu$ [vgl. (11)]

$$b_{0\nu}^{(1)} + c_{0\nu}^{(1)} y \quad \text{bzw.} \quad b_{0\nu}^{(\nu)} + c_{0\nu}^{(\nu)} y \tag{28}$$

mit Konstanten $c_{0\nu}^{(1)} < 0$ und $c_{0\nu}^{(\nu)} > 0$ für $\nu = 2, \ldots, N$. Damit sind die z_ν als automorphe Wellenfunktionen zu $\lambda = 0$ erkannt. Aus dem angegebenen Verhalten der z_ν in den Spitzen folgen dann sofort die Behauptungen unseres Satze sauch für $N \geqq 2$. Im Falle $\Gamma = \mathrm{M}(Q)$ zeigen Satz 3 und (28), daß die Funktionen z_ν bis auf additive Konstante mit Vielfachen der Differenzen (25) übereinstimmen.

§ 3. Über das Wachstum der Wellenfunktionen für $y \to 0$ bei Gruppen Γ mit der Spitze ∞, und über das Wachstum der Entwicklungskoeffizienten b_n bei beliebigen Gruppen Γ mit Spitzen.

Satz 5: Γ habe die Spitze ∞, und z sei Wellenfunktion zu Γ. Dann gilt

$$z(\tau) = O(y^{-\alpha}) \quad \text{für} \quad y \to 0 \quad \text{gleichmäßig in } x$$

mit geeignetem $\alpha \geq 0$.

Beweis: Wir zerlegen $\mathfrak{F}$ (wie in [9], S. 54/55) vollständig in Bereiche $\mathfrak{F}_1, \ldots, \mathfrak{F}_N$ mit folgenden Eigenschaften:

a) Jeder Bereich $\mathfrak{F}_\nu$ wird von endlich vielen nichteuklidischen Strecken und Halbgeraden berandet.

b) $\mathfrak{F}_\nu$ ist abgeschlossene Hülle einer zusammenhängenden offenen Punktmenge; zwei verschiedene dieser Bereiche $\mathfrak{F}_\mu$, $\mathfrak{F}_\nu$ haben höchstens beiderseitige Randpunkte gemeinsam.

c) $\mathfrak{F}_\nu$ enthält die Spitze τ_ν von $\mathfrak{F}$ als einzigen Randpunkt der oberen Halbebene und wird daher in der Nähe von τ_ν von zwei nichteuklidischen Halbgeraden durch τ_ν berandet.

Die aus den $\mathfrak{F}_\nu$ durch die Substitutionen A_ν (s. S. 10) entstehenden Bereiche $\mathfrak{B}_\nu = A_\nu \mathfrak{F}_\nu$ enthalten den Bereich $\mathfrak{B}_Y$ [s. (4)] für hinreichend großes $Y > 0$, und für alle Punkte τ aus den $\mathfrak{B}_\nu$ gilt $\operatorname{Im} \tau \geq Y_0$ für ein hinreichend kleines $Y_0 > 0$. Für unseren Beweis dürfen wir sogleich $\operatorname{Im} \tau \leq 1$ voraussetzen. Zu solchem τ bestimmen wir $S \in \Gamma$, so daß $S\tau$ in $\mathfrak{F}$ und also in einem gewissen $\mathfrak{F}_\nu$ liegt. Dann liegt $A_\nu S\tau$ in $\mathfrak{B}_\nu$. Da für $z_\nu(\tau) = z(A_\nu^{-1}\tau)$ wegen Def. 1, 4) $|z_\nu(\tau)| \leq C y^\alpha$ für alle $\tau \in \mathfrak{B}_\nu$ mit einem festen $\alpha \geq 0$ und einer Konstanten $C > 0$ gilt, haben wir also

$$|z(\tau)| = |z(S\tau)| = |z_\nu(A_\nu S\tau)| \leq C(\operatorname{Im} A_\nu S\tau)^\alpha,$$

und es braucht nur noch $y_\nu = \operatorname{Im} A_\nu S\tau \leq C_0 y^{-1}$ mit einer Konstanten C_0 gezeigt zu werden. Dabei unterscheiden wir die Fälle, wo in $A_\nu S = \begin{pmatrix} a_\nu & b_\nu \\ c_\nu & d_\nu \end{pmatrix}$ entweder $c_\nu = 0$ oder $c_\nu \neq 0$ ist. Im ersteren ist $y_\nu = y/d_\nu^2$. Hier ist $|d_\nu|$ unabhängig von τ allein durch ν bestimmt. Ist nämlich $A_\nu S = \begin{pmatrix} a_\nu & b_\nu \\ 0 & d_\nu \end{pmatrix}$ und $A_\nu S^* = \begin{pmatrix} a_\nu^* & b_\nu^* \\ 0 & d_\nu^* \end{pmatrix}$ für $S^* \in \Gamma$, so liegt $(A_\nu S)^{-1}(A_\nu S^*) = S^{-1}S^*$ in Γ und ist wieder vom Typ $\begin{pmatrix} * & * \\ 0 & * \end{pmatrix}$. Nach [4], S. 33, Satz 1, Zusatz, gilt dann aber $S^{-1}S^* = \pm\begin{pmatrix} 1 & \xi \\ 0 & 1 \end{pmatrix}$ mit einem gewissen reellen ξ, und daraus folgt

$$A_\nu S^* = A_\nu S \cdot S^{-1} S^* = \pm \begin{pmatrix} a_\nu & b_\nu \\ 0 & d_\nu \end{pmatrix} \begin{pmatrix} 1 & \xi \\ 0 & 1 \end{pmatrix} = \pm \begin{pmatrix} a_\nu & * \\ 0 & d_\nu \end{pmatrix},$$

d.h. $|d_\nu|$ liegt mit ν fest. Damit haben wir im Falle $c_\nu = 0$ wegen $y \lesssim 1$

$$y_\nu = \frac{y}{d_\nu^2} \leq \operatorname*{Max}_\mu \left\{ d_\mu^{-2};\ c_\mu = 0 \right\} \cdot y^{-1},$$

wie gewünscht. Nun zum Fall $c_\nu \neq 0$. Die untere Grenze m der absoluten Beträge $|c_\nu|$, wo c_ν alle von Null verschiedenen der Elemente links unten aus den Matrizen der Nebengruppen $A_\nu \Gamma$ $(\nu = 1, \ldots, N)$ durchläuft, ist nach [4], S. 33, Satz 2 positiv. Daher ist jetzt

$$y_\nu = \frac{y}{(c_\nu x + d_\nu)^2 + c_\nu^2 y^2} \leq \frac{1}{c_\nu^2 y} \leq m^{-2} y^{-1}.$$

Das allein fehlte noch am Beweise von Satz 5.

Wir bemerken noch, daß das in Def. 1, 4) auftretende α nicht von der Auswahl des dort auftretenden A, sondern nur von der durch τ_0 bestimmten Klasse äquivalenter Spitzen abhängt, so daß unter den Voraussetzungen von Satz 5 $z(\tau) = O(y^{-\alpha})$ für $y \to 0$ gleichmäßig in x gilt, wenn α_0 das Minimum der für die einzelnen Klassen von Spitzen fest gewählten Exponenten α bezeichnet. Nun beweist man wie in [2], S. 153:

Satz 6: Ist Γ eine beliebige Grenzkreisgruppe erster Art, τ_0 eine Spitze von Γ, A eine zugehörige Matrix und $z(\tau)$ eine Wellenfunktion zu Γ, so erfüllen die Fourier-Koeffizienten b_n der Entwicklung von $z(\tau)$ vom Typ (13) zur Spitze τ_0 die O-Aussage

$$b_n = O(|n|^\beta) \quad \text{für} \quad n \to \infty$$

mit einem geeigneten $\beta \geq 0$.

§ 4. Einführung der Greenschen Funktion.

Wir definieren und untersuchen in diesem Paragraphen die Greensche Funktion $G(\tau, \tau')$, unser Hauptwerkzeug für das Studium der Differentialgleichungen $-\Delta z = f$ und $-\Delta z = \lambda z$. Zunächst sehen wir jedoch noch von den Beziehungen zum Operator $-\Delta$ ab und stellen nur allgemeine Eigenschaften zusammen. Zur Definition von $G(\tau, \tau')$ sei auf der Riemannschen Fläche $\overline{\overline{\mathfrak{F}}}$ (S. 11) dw_{pq} das Elementardifferential dritter Gattung mit rein imaginären

Perioden und Residuen $+1$ und -1 in den Punkten $\mathfrak{p}$, $\mathfrak{q}$ von $\overline{\mathfrak{F}}$. Wie hier nicht ausführlich begründet werden soll, zeigt dann das zugehörige ABELsche Integral folgendes Verhalten: Ist G ein (offenes) Teilgebiet von $\mathfrak{F}$, das durch die uniformisierende Variable $t(\mathfrak{p})$ konform auf den Einheitskreis abzubilden ist, und sind $\mathfrak{p}_1, \ldots, \mathfrak{p}_4$ Punkte aus G mit den Werten $t_i = t(\mathfrak{p}_i)$ $(i = 1, \ldots, 4)$ der Variablen t, so gilt:

$$\int_{\mathfrak{p}_1}^{\mathfrak{p}_2} dw_{\mathfrak{p}_3\mathfrak{p}_4} = \ln\left(\frac{t_2 - t_3}{t_1 - t_3} : \frac{t_2 - t_4}{t_1 - t_4}\right) + R(t_1, t_2, t_3, t_4), \tag{29}$$

wobei die (von G und der Wahl von t abhängige) Funktion R in $t_1, \ldots, t_4$ zugleich regulär analytisch ist. Offenbar gibt es zu beliebig vorgegebenem Quadrupel $\mathfrak{p}_1, \ldots, \mathfrak{p}_4$ ein Gebiet G und eine Variable t der genannten Art. Da R jedenfalls in jeder einzelnen der Variablen $t_1, \ldots, t_4$ analytisch ist, genügt es nach einem bekannten Satz, die $t_1, \ldots, t_4$-Stetigkeit von R zu beweisen. Das kann mit Hilfe des umfangreichen Konstruktionsapparates von [10], §§ 12—16 geschehen. Wir übergehen diesen Nachweis.

Die in (29) von der Willkür des Integrationsweges herrührende, auf der rechten Seite im logarithmischen Glied steckende Vieldeutigkeit fällt nach unseren Voraussetzungen über $dw_{\mathfrak{p}\mathfrak{q}}$ bei der Bildung von

$$\left. \begin{aligned} K(\mathfrak{p}_1\mathfrak{p}_2,; \mathfrak{p}_3, \mathfrak{p}_4) &= \mathrm{Re} \int_{\mathfrak{p}_1}^{\mathfrak{p}_2} dw_{\mathfrak{p}_3\mathfrak{p}_4} \\ &= \ln\left|\frac{t_2 - t_3}{t_1 - t_3} : \frac{t_2 - t_4}{t_1 - t_4}\right| + \mathrm{Re}\, R(t_1, \ldots, t_4) \end{aligned} \right\} \tag{30}$$

heraus. K ist in Abhängigkeit von $\mathfrak{p}_1$ oder vielmehr als Funktion von $t(\mathfrak{p}_1) = u_1 + iv_1$ eine Potentialfunktion mit logarithmischen Singularitäten in $\mathfrak{p}_3$, $\mathfrak{p}_4$, d.h. es gilt

$$\left(\frac{\partial^2}{\partial u_1^2} + \frac{\partial^2}{\partial v_1^2}\right) K = 0.$$

Entsprechendes gilt für die anderen Argumente. Denn nach bekannten Eigenschaften der linken Seite von (29) ist

$$\left. \begin{aligned} K(\mathfrak{p}_1, \mathfrak{p}_2; \mathfrak{p}_3, \mathfrak{p}_4) &= - K(\mathfrak{p}_2, \mathfrak{p}_1; \mathfrak{p}_3, \mathfrak{p}_4) \\ K(\mathfrak{p}_1, \mathfrak{p}_2; \mathfrak{p}_3, \mathfrak{p}_4) &= K(\mathfrak{p}_3, \mathfrak{p}_4; \mathfrak{p}_1, \mathfrak{p}_2). \end{aligned} \right\} \tag{31}$$

und

Unter der Voraussetzung $\mathfrak{p}_1 \neq \mathfrak{p}_4$ und $\mathfrak{p}_1, \mathfrak{p}_4 \neq \mathfrak{z}_\nu$ $(\nu = 1, \ldots, N,$ siehe S. 11) existiert nun folgendes Integral, das wir als GREENsche

Funktion nachweisen werden:

$$G(\mathfrak{p}_1,\mathfrak{p}_4) = -\frac{1}{2\pi F^2}\int\limits_{\overline{\mathfrak{F}}}\int\limits_{\overline{\mathfrak{F}}} K(\mathfrak{p}_1,\mathfrak{p}_2;\,\mathfrak{p}_3,\mathfrak{p}_4)\,\omega_2\,\omega_3, \qquad (32)$$

wobei F wie stets den hyperbolischen Inhalt von $\overline{\mathfrak{F}}$, ω_ν für $\nu = 2, 3$ das von $\mathfrak{E}$ auf $\overline{\mathfrak{F}}$ übertragene Flächenelement in $\mathfrak{p}_\nu$ bezeichnet, und das Integral rechts etwa als vierdimensionales zu verstehen ist. Zum Existenzbeweis zerlegt man $\overline{\mathfrak{F}}$ in Teilbereiche, so daß man mit den O.U. arbeiten kann, und zerlegt die rechte Seite von (32) der Zerlegung von $\overline{\mathfrak{F}}$ entsprechend in eine Summe von Integralen. Von diesen sind diejenigen am unangenehmsten, in denen $\mathfrak{p}_2$, $\mathfrak{p}_3$ in einer Umgebung $\mathfrak{V}$ von ein und derselben Spitze $\mathfrak{z}$ variieren. Wir beschränken uns auf ihre Betrachtung, da die übrigen keine neuen Gesichtspunkte erfordern. Unter Verwendung der O.U. $t(\mathfrak{p})$ von $\mathfrak{z}$ (S. 11) erklären wir $\mathfrak{V}$ durch

$$\mathfrak{V}:\ |t(\mathfrak{p})| \leqq c \qquad \text{mit einem kleinen festen } c > 0. \qquad (33)$$

Aus (30) geht bei additiver Zerlegung des logarithmischen Gliedes und Beachtung von (9) hervor, daß vom Beitrag $\int\int\limits_{\mathfrak{V}\,\mathfrak{V}} K\,\omega_2\omega_3$ zur rechten Seite von (32) nur der Bestandteil

$$J = \iint\limits_{\mathfrak{V}}\ \iint\limits_{\mathfrak{V}} \frac{\ln|t_2 - t_3|}{|t_2|^2\ln^2|t_2|\cdot|t_3|^2\ln^2|t_3|}\,du_2\,dv_2\,du_3\,dv_3$$

kritisch ist. Da der Integrand auf dem vierdimensionalen Integrationsbereich meßbar ist, genügt es nach einem bekannten Satz der LEBESGUEschen Integrationstheorie zu zeigen, daß die rechte Seite existiert, wenn man den Integranden durch seinen Betrag und das vierdimensionale Integral durch iterierte Integrationen über $\mathfrak{V}$ ersetzt.

$$J_1 = \iint\limits_{\mathfrak{V}} \frac{\ln|t_2 - t_3|}{|t_3|^2\ln^2|t_3|}\,du_3\,dv_3 \qquad (34)$$

existiert nun offenbar für $t_2 \neq 0$ und hängt dabei stetig von t_2 ab. Wir zeigen

$$J_1 = O(\ln|\ln|t_2||) \quad \text{für } t_2 \to 0. \qquad (35)$$

Die Existenz von J folgt dann aus derjenigen von

$$\iint\limits_{\mathfrak{V}} \frac{\ln|\ln|t_2||}{|t_2|^2\ln^2|t_2|}\,du_2\,dv_2.$$

Die Konstante c aus (33) sei von vornherein so klein, daß $\ln |t_2 - t_3|$ in ganz $\mathfrak{B}$ negativ ist. Es seien dann in der t-Ebene, wie in nachstehender Figur gezeichnet, $\mathfrak{K}$ der Kreis vom Radius $\frac{1}{2}|t_2|$ um O und $\mathfrak{K}'$ und $\mathfrak{B}'$ die Kreise vom Radius $\frac{1}{2}|t_2|$ bzw. c um t_2. Die Mittelsenkrechte von O und t_2 schneide von $\mathfrak{B} - \mathfrak{K}$ den O enthaltenden Bereich $\mathfrak{B}$ und von dem Kreisring $\mathfrak{B}' - \mathfrak{K}'$ den auf der Seite von t_2 liegenden Bereich $\mathfrak{B}'$ ab. Beachtet man noch, daß die

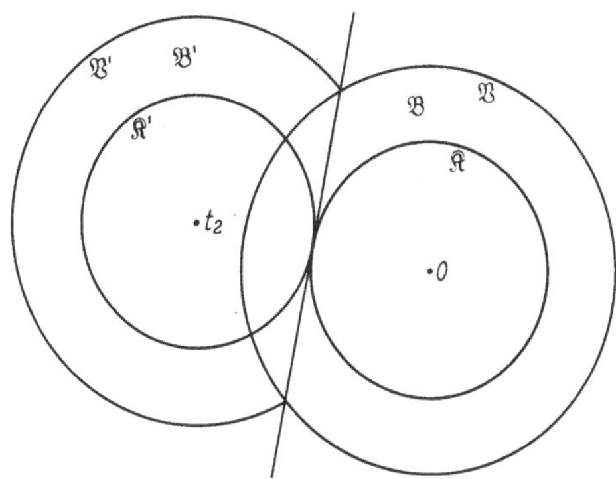

Funktion $x|\ln x|$ im Intervall $0 < x < c$ für $c < \frac{1}{3}$, was vorausgesetzt sei, monoton wächst, so findet man

$$|J_1| = \left| \iint_{\mathfrak{B}} \right| \leq \iint_{\mathfrak{B}+\mathfrak{B}'+\mathfrak{K}+\mathfrak{K}'} \frac{|\ln|t_2 - t_3||}{|t_3|^2 \ln^2 |t_3|} \, du_3 \, dv_3$$

mit

$$\iint_{\mathfrak{B}} \leq \iint_{\mathfrak{B}} \frac{du_3 \, dv_3}{|t_3|^2 |\ln |t_3||} \leq \int_{\frac{1}{2}|t_2|}^{c} \frac{1}{\varrho^2 |\ln \varrho|} \cdot 2\pi \varrho \, d\varrho = -2\pi \ln |\ln \varrho| \Big|_{\frac{1}{2}|t_2|}^{c}$$

$$= O(\ln |\ln |t_2||),$$

$$\iint_{\mathfrak{B}'} \leq \iint_{\mathfrak{B}'} \frac{du_3 \, dv_3}{|t_3 - t_2|^2 \cdot |\ln |t_3 - t_2||} = O(\ln |\ln |t_2||),$$

$$\iint_{\mathfrak{K}} \leq \left| \ln \frac{1}{2}|t_2| \right| \cdot \int_{0}^{\frac{1}{2}|t_2|} \frac{2\pi \varrho \, d\varrho}{\varrho^2 \ln^2 \varrho} = O(1),$$

$$\iint_{\mathfrak{K}'} \leq \frac{1}{\frac{1}{4}|t_2|^2 \cdot \ln^2 |\frac{1}{2} t_2|} \cdot \int_{0}^{\frac{1}{2}|t_2|} |\ln \varrho| \cdot 2\pi \varrho \, d\varrho = O(1) \quad \text{für } t_2 \to 0.$$

Damit ist (35) und die Existenz von $G(\mathfrak{p}_1, \mathfrak{p}_4)$ aus (32) für $\mathfrak{p}_1 \neq \mathfrak{p}_4$ und $\mathfrak{p}_1, \mathfrak{p}_4 \neq \mathfrak{z}_1, \ldots, \mathfrak{z}_N$ bewiesen.

$G(\mathfrak{p}_1, \mathfrak{p}_4)$ ist offenbar symmetrisch:

$$G(\mathfrak{p}_1, \mathfrak{p}_4) = G(\mathfrak{p}_4, \mathfrak{p}_1). \tag{36}$$

Variieren $\mathfrak{p}_1$, $\mathfrak{p}_4$ in einem (stückweise glatt berandeten) Bereich $\mathfrak{B}$, der zum Definitionsbereich einer O. U. $t(\mathfrak{p})$ gehört, so erhält man aus (30) auf dem Wege über eine Zerlegung von $\mathfrak{F}$ in Teilbereiche, unter denen $\mathfrak{B}$ vorkommt,

$$G(\mathfrak{p}_1,\mathfrak{p}_4) = -\frac{1}{2\pi}\ln|t_1-t_4| + \frac{1}{2\pi F}\int_{\mathfrak{B}}(\ln|t_1-t|+\ln|t_4-t|)\,\omega + g(t_1,t_4) \quad (37)$$

für $\mathfrak{p}_1$, $\mathfrak{p}_4 \in \mathfrak{B}$, wobei $g(t_1,t_4)$ Realteil einer im Innern von $\mathfrak{B}$ regulär analytischen Funktion von t_1, t_4 ist. Diese Eigenschaft von $g(t_1,t_4)$ ist leicht mit Hilfe der in $g(t_1,t_4)$ zusammengefaßten Integrale einzusehen. Dabei machen die Singularitäten von ω in den Ecken und Spitzen von $\mathfrak{F}$ keine Schwicrigkeiten. — Sind $\mathfrak{B}_1$, $\mathfrak{B}_4$ zwei Teilbereiche von $\mathfrak{F}$, die höchstens Randpunkte gemeinsam haben und in den Geltungsbereichen zweier O.U. $t_1(\mathfrak{p})$, $t_4(\mathfrak{p})$ liegen, und wird $\mathfrak{p}_1$ auf das Innere von $\mathfrak{B}_1$ und $\mathfrak{p}_4$ auf $\mathfrak{B}_4$ beschränkt, so ist ähnlich

$$\left.\begin{aligned} G(\mathfrak{p}_1,\mathfrak{p}_4) = {}&\frac{1}{2\pi F}\int_{\mathfrak{B}_1}\ln|t_1-t_3|\,\omega_3 + \\ &+ \frac{1}{2\pi F}\int_{\mathfrak{B}_4}\ln|t_2-t_4|\,\omega_2 + g^*(t_1,t_4), \end{aligned}\right\} \quad (38)$$

wobei $g^*(t_1,t_4)$ wieder Realteil einer im Innern von $\mathfrak{B}_1$, $\mathfrak{B}_4$ regulären Funktion ist. Beachtet man die Abschätzung (35) für J_1 aus (34), so erhält man aus (37) bzw. (38):

$$G(\mathfrak{p},\mathfrak{p}') = O\big(|\ln|t-t'|| + \ln|\ln|t|| + \ln|\ln|t'||\big) \quad (39)$$

für $\mathfrak{p}$, $\mathfrak{p}' \to \mathfrak{s}$ ($\mathfrak{s}$ Spitze von $\mathfrak{F}$),

$$G(\mathfrak{p},\mathfrak{p}') = O\big(\ln|\ln|t|| + \ln|\ln|t'||\big) \quad (40)$$

für $\mathfrak{p} \to \mathfrak{s}$, $\mathfrak{p}' \to \mathfrak{s}'$ ($\mathfrak{s}$, $\mathfrak{s}'$ verschiedene Spitzen von $\mathfrak{F}$).

Mit Hilfe der Gln. (37) bis (40) stellt man fest:

$$\int_{\mathfrak{F}} G^2(\mathfrak{p},\mathfrak{p}')\,\omega' \quad \text{existiert für alle} \quad \mathfrak{p} \neq \mathfrak{s}_1,\dots,\mathfrak{s}_N \quad (41)$$

(mit $\omega' = \omega(\mathfrak{p}')$) und stellt eine stetige Funktion von $\mathfrak{p}$ dar. Man wird dazu $\mathfrak{F}$ wieder in kleine Teilbereiche zerlegen. Im Hinblick auf (36) können wir auch sagen: $G(\mathfrak{p},\mathfrak{p}')$ ist für alle $\mathfrak{p}' \neq \mathfrak{s}_1,\dots,\mathfrak{s}_N$ als Funktion von $\mathfrak{p}$ in $\mathfrak{H}$ gelegen. Hier bedeutet $\mathfrak{H}$, wie auch im folgenden manchmal, den HILBERTschen Raum, der aus dem HILBERT-Raum $\mathfrak{H}$ von S. 5, Def. 2 entsteht, wenn man im Sinne von

S. 11 zu Funktionen auf $\overline{\mathfrak{F}}$ übergeht. Falls Γ keine Spitzen hat, folgt aus (37), (38), daß $\iint\limits_{\overline{\mathfrak{F}}\,\overline{\mathfrak{F}}} G^2(\mathfrak{p},\mathfrak{p}')\,\omega\,\omega'$ existiert. Sind dagegen Spitzen vorhanden, so divergiert dieses Integral. Das kann man ebenfalls aus (37), (38) schließen, oder aber später aus der Entwicklung (46) oder daraus, daß der Operator G aus Satz 7 ein Streckenspektrum besitzt. Ferner bestätigt man mit Hilfe von (37) bis (40)

$$\lim_{\mathfrak{p}_1\to\mathfrak{p}_0}\lVert G(\mathfrak{p}_1,\mathfrak{p}) - G(\mathfrak{p}_0,\mathfrak{p})\rVert = 0 \tag{42}$$

für $\mathfrak{p}_0 \neq \mathfrak{s}_1, \ldots, \mathfrak{s}_N$. Um einen grundlegenden Satz über $G(\mathfrak{p},\mathfrak{p}')$ aussprechen zu können, definieren wir wie üblich:

Definition 5: Ein Operator A mit Definitionsbereich $\mathfrak{D}_A \subset \mathfrak{H}$ heißt beschränkt, wenn es eine Konstante $C \geq 0$ gibt, so daß gilt:

$$\lVert A f\rVert \leq C \lVert f\rVert \quad \text{für alle} \quad f \in \mathfrak{D}_A .$$

Satz 7: Das Integral

$$G f(\mathfrak{p}) = \int\limits_{\overline{\mathfrak{F}}} G(\mathfrak{p},\mathfrak{p}')\,f(\mathfrak{p}')\,\omega' \tag{43}$$

existiert für alle $\mathfrak{p} \neq \mathfrak{s}_1, \ldots, \mathfrak{s}_N$ und alle $f(\mathfrak{p}) \in \mathfrak{H}$ und stellt in Abhängigkeit von $\mathfrak{p}$ ein Element aus $\mathfrak{H}$ dar. Dieser mit $G(\mathfrak{p},\mathfrak{p}')$ als Kern definierte Integraloperator G hat also ganz $\mathfrak{H}$ als Definitionsbereich. G ist ein beschränkter und symmetrischer Operator. Die rechte Seite von (43) stellt für $\mathfrak{p} \neq \mathfrak{s}_1, \ldots, \mathfrak{s}_N$ eine stetige Funktion von $\mathfrak{p}$ dar.

Beweis: Das obige Integral existiert für alle $\mathfrak{p} \neq \mathfrak{s}_1, \ldots, \mathfrak{s}_N$ und $f \in \mathfrak{H}$ nach (41). Es hängt von $\mathfrak{p}$ stetig ab; denn es gilt für $\mathfrak{p}_0 \neq \mathfrak{s}_1, \ldots, \mathfrak{s}_N$ nach der SCHWARZschen Ungleichung[2]

$$\left| \int\limits_{\overline{\mathfrak{F}}} \big(G(\mathfrak{p}_1,\mathfrak{p}) - G(\mathfrak{p}_0,\mathfrak{p})\big) f(\mathfrak{p})\,\omega \right| \leq \lVert G(\mathfrak{p}_1,\mathfrak{p}) - G(\mathfrak{p}_0,\mathfrak{p})\rVert \cdot \lVert f\rVert ,$$

und dies strebt nach 0 für $\mathfrak{p}_1 \to \mathfrak{p}_0$ gemäß (42). Um zu zeigen, daß das Integral (43) als Funktion von $\mathfrak{p}$ in $\mathfrak{H}$ liegt, führen wir folgende Hilfsfunktion $\gamma(\mathfrak{p})$ ein: Bezeichnen $t_1(\mathfrak{p}), \ldots, t_N(\mathfrak{p})$ O.U. von $\mathfrak{s}_1, \ldots, \mathfrak{s}_N$, ist $c < 1$ eine hinreichend kleine positive Zahl, so daß

$$\mathfrak{B}_\nu: \quad |t_\nu(\mathfrak{p})| \leq c \quad (\nu = 1, \ldots, N) \tag{44}$$

---

[3] Normbildung und Skalarproduktbildung beziehen sich ausnahmslos auf $\mathfrak{p}$ oder τ, sofern überhaupt Argumente in Frage kommen.

punktfremde Umgebungen der Spitzen sind, und ist $0<\alpha<\frac{1}{2}$, so sei

$$\gamma(\mathfrak{p}) = \begin{cases} \big|\ln|t_\nu(\mathfrak{p})|\big|^\alpha & \text{für} \quad \mathfrak{p}\in\mathfrak{B}_\nu \quad (\nu=1,\dots,N) \\ |\ln c|^\alpha & \text{sonst auf } \overline{\mathfrak{F}}. \end{cases}$$

$\gamma(\mathfrak{p})$ ist also abgesehen von den Spitzen stetig und positiv und liegt offenbar in $\mathfrak{H}$. $\gamma(\mathfrak{p})$ hat die nützliche Eigenschaft, daß

$$\psi(\mathfrak{p}) = \frac{1}{\gamma(\mathfrak{p})} \int\limits_{\overline{\mathfrak{F}}} |G(\mathfrak{p},\mathfrak{p}')|\,\gamma(\mathfrak{p}')\,\omega' \tag{45}$$

auf $\overline{\mathfrak{F}}$ beschränkt ist. $\psi(\mathfrak{p})$ ist wegen $\gamma(\mathfrak{p})\in\mathfrak{H}$ wieder stetig, so daß nur noch die Beschränktheit von ψ in der Nähe der Spitzen zu zeigen ist. Schreiben wir $\mathfrak{s}$ für ein beliebiges $\mathfrak{s}_\nu$ und $\mathfrak{B}$ für das zugehörige $\mathfrak{B}_\nu$, so stellt man zunächst mit Hilfe von (38), (39) leicht die Beschränktheit von

$$\frac{1}{\gamma(\mathfrak{p})} \int\limits_{\overline{\mathfrak{F}}-\mathfrak{B}} |G(\mathfrak{p},\mathfrak{p}')|\,\gamma(\mathfrak{p}')\,\omega'$$

für $\mathfrak{p}\in\mathfrak{B}$ fest. Das Restintegral über $\mathfrak{B}$ schätzen wir für $\mathfrak{p}\in\mathfrak{B}$ nach (39) durch

$$\frac{1}{\gamma(\mathfrak{p})} \int\limits_{\mathfrak{B}} |G(\mathfrak{p},\mathfrak{p}')|\,\gamma(\mathfrak{p}')\,\omega' \leq$$

$$\leq \frac{C}{\big|\ln|t|\big|^\alpha} \iint\limits_{\mathfrak{B}} \big(\|\ln|t-t'|\| + \ln\big|\ln|t|\big| + \ln\big|\ln|t'|\big|\big)\,\big|\ln|t'|\big|^\alpha\,\frac{du'\,dv'}{|t'|^2\ln^2|t'|}$$

ab (C geeignete Konstante). Hier bleiben die Beiträge der Bestandteile $\ln\big|\ln|t|\big| + \ln\big|\ln|t'|\big|$ des Integranden zum Ganzen beschränkt. Um das Restintegral

$$\frac{C}{\big|\ln|t|\big|^\alpha} \iint\limits_{\mathfrak{B}} \frac{\big|\ln|t-t'|\big|}{|t'|^2\,\big|\ln|t'|\big|^{2-\alpha}}\,du'\,dv' \tag{46}$$

für $\mathfrak{p}\to\mathfrak{s}$ abzuschätzen, verwenden wir das Verfahren von S. 23 (mit t,t' statt t_2,t_3). Man erhält dann wieder

$$\iint\limits_{\mathfrak{B}} \;\leq\; \iint\limits_{\mathfrak{B}+\mathfrak{B}'+\mathfrak{R}+\mathfrak{R}'}$$

und nun im einzelnen für $t\to 0$

$$\iint\limits_{\mathfrak{B}} \;\leq\; \iint\limits_{\mathfrak{B}} \frac{\big|\ln|t'|\big|}{|t'|^2\cdot\big|\ln|t'|\big|^{2-\alpha}}\,du'\,dv' \;\leq\; \int\limits_{|t/2|}^{c} \frac{1}{\varrho^2\,|\ln\varrho|^{1-\alpha}}\cdot 2\pi\varrho\,d\varrho$$

$$= \frac{2\pi}{\alpha}\left(\Big|\ln\Big|\frac{t}{2}\Big|\Big|^\alpha - |\ln c|^\alpha\right) = O\big(\big|\ln|t_\nu|\big|^\alpha\big),$$

$$\iint\limits_{\mathfrak{B}'} \leq \iint\limits_{\mathfrak{B}'} \frac{|\ln|t'||}{|t'|^2 |\ln|t'||^{2-\alpha}}\, du'\, dv' = O\left(|\ln|t||^\alpha\right),$$

$$\iint\limits_{\mathfrak{K}} \leq \left|\ln\left|\frac{t}{2}\right|\right| \cdot \int\limits_0^{|t/2|} \frac{2\pi\varrho\, d\varrho}{\varrho^2 |\ln\varrho|^{2-\alpha}} = O\left(|\ln|t||\right)^\alpha,$$

$$\iint\limits_{\mathfrak{K}'} \leq \frac{1}{\left|\dfrac{t}{2}\right|^2 \cdot \left|\ln\left|\dfrac{t}{2}\right|\right|^{2-\alpha}} \cdot \int\limits_0^{|t/2|} |\ln\varrho| \cdot 2\pi\varrho\, d\varrho = O(1).$$

Damit haben wir insgesamt

$$\iint\limits_{\mathfrak{B}} = O\left(|\ln|t||^\alpha\right) \quad \text{für} \quad t \to 0,$$

so daß der Ausdruck (46) in der Tat beschränkt ist. Das vollendet den Beschränktheitsbeweis von (45).

Daß $Gf(\mathfrak{p})$ in $\mathfrak{H}$ liegt, zeigt nun folgende Abschätzung:

$$\int\limits_{\overline{\mathfrak{F}}} |Gf(\mathfrak{p})|^2\,\omega = \int\limits_{\overline{\mathfrak{F}}} \left|\int\limits_{\overline{\mathfrak{F}}} G(\mathfrak{p},\mathfrak{p}')\,f(\mathfrak{p}')\,\omega'\right|^2 \omega$$

ist nach der Schwarzschen Ungleichung

$$\leq \int\limits_{\overline{\mathfrak{F}}} \left[\int\limits_{\overline{\mathfrak{F}}} |G(\mathfrak{p},\mathfrak{p}')|\,\frac{\gamma(\mathfrak{p}')}{\gamma(\mathfrak{p})}\,\omega' \cdot \int\limits_{\overline{\mathfrak{F}}} |G(\mathfrak{p},\mathfrak{p}')|\,\frac{\gamma(\mathfrak{p})}{\gamma(\mathfrak{p}')} \cdot |f(\mathfrak{p}')|^2\,\omega'\right]\omega.$$

Wegen (36) ist dies, wenn M eine Schranke für $|\psi(\mathfrak{p})|$ in $\overline{\mathfrak{F}}$ bezeichnet,

$$\leq M \int\limits_{\overline{\mathfrak{F}}} \left[\int\limits_{\overline{\mathfrak{F}}} |G(\mathfrak{p}',\mathfrak{p})|\,\frac{\gamma(\mathfrak{p})}{\gamma(\mathfrak{p}')}\,|f(\mathfrak{p}')|^2\,\omega'\right]\omega.$$

Vertauscht man die Integrationsreihenfolge und beachtet nochmals die Beschränktheit von $\psi(\mathfrak{p}')$, so erhält man die Schranke $M^2\|f\|^2$. Damit haben wir zugleich die Beschränktheit des Operators G im Sinne von Def. 5 erhalten.

Am vollständigen Beweis von Satz 7 fehlt nur noch die Symmetrie von G im Sinne von Def. 4. G ist offenbar ein linearer Operator mit Definitionsbereich $\mathfrak{H}$. Da wir sogar

$$\int\limits_{\overline{\mathfrak{F}}} |G(\mathfrak{p},\mathfrak{p}')\,f(\mathfrak{p}')|\,\omega' \in \mathfrak{H}$$

für alle $f \in \mathfrak{H}$ bewiesen haben, existiert jedenfalls für alle $f, g \in \mathfrak{H}$

$$\int\limits_{\overline{\mathfrak{F}}} \left[\int\limits_{\overline{\mathfrak{F}}} |G(\mathfrak{p},\mathfrak{p}')\,\overline{g(\mathfrak{p}')}|\,\omega'\right] |f(\mathfrak{p})|\,\omega.$$

Daraus folgt aber die Existenz von

$$\int\limits_{\overline{\mathfrak{F}}} \int\limits_{\overline{\mathfrak{F}}} G(\mathfrak{p}, \mathfrak{p}')\, f(\mathfrak{p})\, \overline{g(\mathfrak{p}')}\, \omega\, \omega'$$

im Sinne eines vierdimensionalen Integrals, wofür ja nur noch die offenbar vorhandene vierdimensionale Meßbarkeit des Integranden zu beachten ist. Dann ist dies aber (nach einem Satz von TONELLI) auch gleich

$$\int\limits_{\overline{\mathfrak{F}}} f(\mathfrak{p}) \left[\overline{\int\limits_{\overline{\mathfrak{F}}} G(\mathfrak{p}, \mathfrak{p}')\, g(\mathfrak{p}')\, \omega'} \right] \omega$$

und gleich

$$\int\limits_{\overline{\mathfrak{F}}} \left[\int\limits_{\overline{\mathfrak{F}}} G(\mathfrak{p}, \mathfrak{p}')\, f(\mathfrak{p})\, \omega \right] \overline{g(\mathfrak{p}')}\, \omega'.$$

Beachtet man hier (36), so folgt $(f, Gg) = (Gf, g)$ und die Symmetrie von G ist bewiesen. Das vollendet den Beweis von Satz 7.

Wir bemerken noch, was jedoch nicht benutzt werden wird, daß jede mit $G(\mathfrak{p}, \mathfrak{p}')$ und einer Funktion $f(\mathfrak{p}) \in \mathfrak{H}$ „quellenmäßig" in der Gestalt

$$g(\mathfrak{p}) = \int\limits_{\overline{\mathfrak{F}}} G(\mathfrak{p}, \mathfrak{p}')\, f(\mathfrak{p}')\, \omega' = Gf(\mathfrak{p})$$

darstellbare Funktion $g(\mathfrak{p})$, oder anders ausgedrückt, jede Funktion $g(\mathfrak{p})$ aus dem Wertevorrat des Operators G nicht nur stetig ist, sondern noch die O-Aussage $g(\mathfrak{p}) = O(|\ln|t(\mathfrak{p})||^{\frac{1}{2}})$ für $\mathfrak{p} \to \mathfrak{s}$ erfüllt, wobei $\mathfrak{s}$ eine Spitze von $\mathfrak{F}$ mit der O.U. $t(\mathfrak{p})$ ist. Der Beweis ergibt sich mit Hilfe von (37), (38) und des Abschätzungsverfahrens von S. 23.

Wir verlassen nun wieder die Fläche $\overline{\mathfrak{F}}$, indem wir $G(\mathfrak{p}, \mathfrak{p}')$ nach $\mathfrak{E}$ übertragen. Es entsteht eine Funktion $G(\tau, \tau')$, die automorph bezüglich Γ in beiden Veränderlichen τ, τ' ist. Für spätere Zwecke bestimmen wir die FOURIER-Entwicklungen von $G(\tau, \tau')$ in den Spitzen von Γ. Wir unterscheiden drei Fälle, je nach dem τ, τ' beide in der Nähe äquivalenter oder in der Nähe inäquivalenter Spitzen variieren oder aber nur einer der Punkte τ, τ' in der Nähe einer Spitze variiert, während der andere auf ein Kompaktum innerhalb $\mathfrak{E}$ beschränkt ist.

1. Wenn τ, τ' in der Nähe äquivalenter Spitzen τ_0, τ_0' variieren, so bedeutet es wegen der Automorphie von $G(\tau, \tau')$ keine Einschränkung der Allgemeinheit, $\tau_0 = \tau_0'$ anzunehmen. A sei eine zu τ_0 gehörige Matrix. Benutzt man $t = e^{2\pi i A \tau}$ als O.U. zur Spitze τ_0,

so liefert (37)

$$G\left(A^{-1}\tau_1, A^{-1}\tau_4\right) = -\frac{1}{2\pi}\ln\left|e^{2\pi i\tau_1} - e^{2\pi i\tau_4}\right| + \frac{1}{2\pi F}\int\limits_Y^\infty\int\limits_0^1\left(\ln\left|e^{2\pi i\tau_1} - e^{2\pi i\tau}\right| + \right.$$

$$\left. + \ln\left|e^{2\pi i\tau_4} - e^{2\pi i\tau}\right|\right)\frac{dx\,dy}{y^2} + g\left(e^{2\pi i\tau_1}, e^{2\pi i\tau_4}\right) \quad \text{für} \quad y_1, y_4 \geq Y;$$

dabei ist Y eine hinreichend große positive Zahl und $g(t_1, t_4)$ Realteil einer gewissen in $|t_1|, |t_4| < e^{-2\pi Y}$ regulär analytischen Funktion von t_1, t_4. Elementare Rechnung zeigt nun

$$\int\limits_0^1 \ln\left|e^{2\pi i\tau_1} - e^{2\pi i\tau}\right| \cdot e^{-2\pi i n x}\,dx$$

$$= \begin{cases} -2\pi\,\text{Min}\,(y_1, y) & \text{für} \quad n = 0 \\ -\dfrac{1}{2|n|}\,e^{-2\pi|n|\,|y_1 - y|}\cdot e^{-2\pi i n x_1} & \text{für} \quad n \neq 0 \end{cases}$$

und

$$\int\limits_0^1\int\limits_0^1 \frac{-1}{2\pi}\ln\left|e^{2\pi i\tau_1} - e^{2\pi i\tau_4}\right|\cdot e^{-2\pi i(n_1 x_1 + n_4 x_4)}\,dx_1\,dx_4$$

$$= \begin{cases} \text{Min}\,(y_1, y_4) & \text{für} \quad n_1 = n_4 = 0, \\ \dfrac{1}{4\pi|n_1|}\,e^{-2\pi|n_1|\,|y_1 - y_4|} & \text{für} \quad n_1 = -n_4 \neq 0, \\ 0 & \text{für} \quad n_1 + n_4 \neq 0. \end{cases}$$

Damit wird

$$\frac{1}{2\pi F}\int\limits_Y^\infty\int\limits_0^1 \ln\left|e^{2\pi i\tau_1} - e^{2\pi i\tau}\right|\frac{dx\,dy}{y^2} = -\frac{1}{F}\left(\int\limits_Y^{y_1} + \int\limits_{y_1}^\infty\right)\text{Min}\,(y_1, y)\frac{dy}{y^2}$$

$$= -\frac{1}{F}\ln y_1 + \frac{1}{F}\ln Y - \frac{1}{F}.$$

Ferner ist (ständig für $y_1, y_4 \geq Y$)

$$g\left(e^{2\pi i\tau_1}, e^{2\pi i\tau_4}\right) = \text{Re}\sum_{n_1, n_4 \geq 0} a_{n_1 n_4}\,e^{2\pi i(n_1\tau_1 + n_4\tau_4)}$$

mit gewissen konstanten Koeffizienten $a_{n_1 n_4}$. Beachtet man, daß $\ln\left|e^{2\pi i\tau_1} - e^{2\pi i\tau_4}\right|$ für $y_1 \neq y_4$ beliebig differenzierbar ist, so erhält man: Für $y, y' \geq Y$ und $y \neq y'$ gilt die absolut und bezüglich x, x' gleichmäßig konvergente Darstellung

$$\left.\begin{aligned} G\left(A^{-1}\tau, A^{-1}\tau'\right) &= \text{Min}\,(y, y') - \frac{1}{F}\ln(y y') + \\ &+ \sum_{n=1}^\infty \frac{1}{2\pi n}\,e^{-2\pi n|y - y'|}\cos\left(2\pi n(x - x')\right) + \\ &+ \text{Re}\sum_{n, n' \geq 0} a_{n n'}\,e^{2\pi i(n\tau + n'\tau')} \end{aligned}\right\} \quad (47)$$

mit gewissen (neuen) Koeffizienten $a_{nn'}$. Die letzte Reihe konvergiert ihrer Herkunft nach auch gleichmäßig im (x, y, x', y')-Bereich $y, y' \geq Y$, während zur gleichmäßigen Konvergenz der Reihe $\sum\limits_{n=1}^{\infty}$ in y, y' die Zusatzforderung $|y - y'| \geq \delta$ mit einem festen $\delta > 0$ zu stellen ist. Die Darstellung von $G(\tau, \tau')$ bleibt übrigens auch für $y = y'$, $x - x' \not\equiv 0$ (1) gültig.

2. Es seien τ_0, τ_0' zwei inäquivalente Spitzen von Γ und A, A' zu τ_0 bzw. τ_0' gehörige Matrizen. Bei τ_0 und τ_0' verwenden wir die O.U. $t_0 = e^{2\pi i A \tau}$ bzw. $t_0 = e^{2\pi i A' \tau}$. Aus (38) folgt dann unter Benutzung der unter 1. ausgeführten Rechnung

$$G(A^{-1}\tau, A'^{-1}\tau') = -\frac{1}{F}\ln(y\,y') + \operatorname{Re}\sum_{n,\,n'} a_{nn'}\, e^{2\pi i(n\tau + n'\tau')} \quad (48)$$

für $y, y' \geq Y$ ($Y > 0$ hinreichend groß) mit gewissen komplexen Konstanten $a_{nn'}$, die nichts mit den ebenso bezeichneten aus (47) zu tun haben.

3. Es sei τ_0 eine Spitze von Γ, A eine zugehörige Matrix. $Y > 0$ sei so groß gewählt, daß zwei Punkte τ_1, τ_2 mit $\operatorname{Im} A\,\tau_\nu \geq Y$ ($\nu = 1, 2$) nur vermittels parabolischer Matrizen zur Spitze τ_0 nach Γ äquivalent sein können. Ferner bezeichne $\mathfrak{C}$ einen kompakten Bereich in $\mathfrak{E}$ mit der Eigenschaft, daß zwei Punkte τ_1, τ_2 mit $\tau_1 \in \mathfrak{C}$ und $\operatorname{Im} A\,\tau_2 \geq Y$ nur dann nach Γ äquivalent sein können, wenn $\operatorname{Im} A\,\tau_1 = Y$ ist. (Nach der Voraussetzung über Y ist dann auch $\operatorname{Im} A\,\tau_2 = Y$.) Aus (38) folgt dann

$$G(A^{-1}\tau, \tau') = -\frac{1}{F}\ln y + g(\tau, \tau') \quad (49)$$

für $\operatorname{Im}\tau \geq Y$, $\tau' \in \mathfrak{C}$, mit einer Funktion $g(\tau, \tau')$, die für $e^{2\pi i\tau} = e^{2\pi i A \tau'}$, d.h. auf der Geraden $\operatorname{Im}\tau = \operatorname{Im} A\,\tau' = Y$ eine Singularität der Art

$$-\frac{1}{2\pi}\ln\left|e^{2\pi i\tau} - e^{2\pi i A \tau'}\right|$$

besitzt, im übrigen aber für jedes $\delta > 0$ in $\operatorname{Im}\tau \geq Y$, $\tau' \in \mathfrak{C}$, $\left|e^{2\pi i\tau} - e^{2\pi i A\tau'}\right| \geq \delta$ stetig und beschränkt ist. — Wegen der Symmetrie von $G(\tau, \tau')$ gilt eine ganz entsprechende Formel, wenn τ, τ' ihre Rollen vertauschen.

Es sei jetzt Γ eine HECKEsche Gruppe $\mathbf{G}(\varkappa)$, d.h. eine Grenzkreisgruppe erster Art, die von den Matrizen $\begin{pmatrix} 1 & \varkappa \\ 0 & 1 \end{pmatrix}$ und $\begin{pmatrix} 0 & -1 \\ 1 & 0 \end{pmatrix}$

erzeugt wird, wobei $\varkappa$ jeweils eine der Zahlen $2\cos\dfrac{\pi}{q}$ mit $q=3,4,5,\dots$ ist (s. [12], § 5). Es ist also stets $1\le\varkappa<2$. Wir können dann den Ausdruck (32) für $G(\tau,\tau')$ noch etwas umformen. Γ besitzt einen Fundamentalbereich $\mathfrak{F}$ von der Art der Modulfigur. Er wird durch die Ungleichung $|x|\le\dfrac{\varkappa}{2}$, $x^2+y^2\ge 1$, $y>0$ beschrieben. Zu $\mathsf{G}(\varkappa)$ gehört eine in $\mathfrak{E}$ reguläranalytische Funktion $j(\tau)$, die der gleichnamigen bekannten Funktion aus der Theorie der Modulfunktionen entspricht; sie bildet die linke Hälfte $x\le 0$ von $\mathfrak{F}$ so auf die obere j-Halbebene ab, daß die linke untere Ecke ϱ von $\mathfrak{F}$ und die Punkte i und ∞ bzw. nach 0, 1 und ∞ fallen, und sie wird sonst in $\mathfrak{E}$ durch das Schwarzsche Spiegelungsprinzip definiert. Auf $\overline{\mathfrak{F}}$ betrachtet ist j regulär mit Ausnahme eines Poles erster Ordnung in der ∞ entsprechenden Spitze. $\overline{\mathfrak{F}}$ ist vom Geschlecht 0 (j-Kugel), und das Elementardifferential $dw_{\mathfrak{p}_1\mathfrak{p}_2}$ von S. 20 ist durch

$$dw_{\mathfrak{p}_1\mathfrak{p}_2}=\frac{dj(\mathfrak{p})}{j(\mathfrak{p})-j(\mathfrak{p}_1)}-\frac{dj(\mathfrak{p})}{j(\mathfrak{p})-j(\mathfrak{p}_2)}$$

gegeben. Sind $\tau_1,\dots,\tau_4$ den Punkten $\mathfrak{p}_1,\dots,\mathfrak{p}_4$ von $\overline{\mathfrak{F}}$ entsprechende Punkte von $\mathfrak{E}$, so erhält man für (32)

$$G(\tau_1,\tau_4)=-\frac{1}{2\pi F^2}\underset{\mathfrak{F}\,\mathfrak{F}}{\int\!\!\int}\ln\left|\frac{j(\tau_2)-j(\tau_3)}{j(\tau_1)-j(\tau_3)}:\frac{j(\tau_2)-j(\tau_4)}{j(\tau_1)-j(\tau_4)}\right|\omega_2\omega_3.\tag{50}$$

§ 5. Untersuchung der Differentialgleichung $-\varDelta z(\tau)=f(\tau)$ mit Hilfe der Greenschen Funktion.

Wir untersuchen die Gleichung

$$-\varDelta z(\tau)=f(\tau)\tag{51}$$

zunächst unter folgenden Voraussetzungen über die vorgegebene Funktion $f(\tau)$ und die gesuchte Funktion $z(\tau)$:

1) $f(\tau)$ liegt in $\mathfrak{H}$ und ist einmal stetig differenzierbar nach x,y in $\mathfrak{E}$.

2) $z(\tau)$ liegt in $\mathfrak{D}$ von S. 6, Def. 3.

Aus (2) folgt bei der Ersetzung $f\to z$, $g\to 1$ als notwendige Bedingung für die Lösbarkeit von (51)

$$(f,1)=0.\tag{52}$$

Wir zeigen nun, daß die Bedingung auch für die Lösbarkeit von (51) ausreicht; genauer, daß

$$z(\tau) = G\,f(\tau) = \int_{\mathfrak{F}} G(\tau, \tau')\,f(\tau')\,\omega' \tag{53}$$

diejenige Lösung von (51) ist, die der Bedingung

$$(z, 1) = 0 \tag{54}$$

genügt. Da die Differenz zweier Lösungen von (51) eine Lösung der homogenen Gleichung und damit konstant ist (Satz 1), hat (51) höchstens eine der Bedingung (54) genügende Lösung, das durch (53) gegebene z liegt in $\mathfrak{H}$ nach Satz 7, und es erfüllt (54); denn wegen der Symmetrie von G (Satz 7) ist

$$(z, 1) = (G\,f, 1) = (f, G\,1),$$

und nach (32) ist

$$G\,1 = \int_{\mathfrak{F}} G(\tau, \tau')\,\omega' = \int_{\mathfrak{F}} \left[-\frac{1}{2\pi F^2} \iint_{\mathfrak{F}\,\mathfrak{F}} K(\tau, \tau_2; \tau_3, \tau')\,\omega_2\,\omega_3 \right] \omega'.$$

Wegen der absoluten Konvergenz dieses Integrals existiert auch das zugehörige sechsdimensionale Integral, und beide stimmen überein. Wegen der ersten der Gln. (31) ist daher

$$G\,1 = 0 \tag{55}$$

zu schließen. Damit ergibt sich (54).

Als nächstes beweisen wir zweimalige stetige Differenzierbarkeit von z in $\mathfrak{E}$ nach x, y. Es sei dazu τ_0 beliebig aus $\mathfrak{E}$, $\mathfrak{p}_0$ der entsprechende Punkt von $\mathfrak{F}$ mit der O.U.

$$t = u + iv = \left(\frac{\tau - \tau_0}{\tau - \bar{\tau}_0} \right)^n \tag{56}$$

($n - 1$ Verzweigungsordnung in $\mathfrak{p}_0$). Es genügt, die zweimalige Differenzierbarkeit von z nach den durch

$$\vartheta = \alpha + i\beta = B\tau = \frac{\tau - \tau_0}{\tau - \bar{\tau}_0} \tag{57}$$

erklärten neuen reellen Koordinaten α, β statt x, y zu beweisen, da ϑ und τ durch die konforme Abbildung B von $\mathfrak{E}$ auf den ϑ-Einheitskreis zusammenhängen. Jeder gegenüber Γ invarianten Funktion in $\mathfrak{E}$ entspricht eine gegenüber der Gruppe $B\Gamma B^{-1}$ invariante Funktion von ϑ. Wir verzichten dabei auf die Einführung neuer

Funktionszeichen und schreiben nur die Variable ϑ statt τ. In den neuen ϑ-Koordinaten ist

$$\omega = \frac{4\,d\alpha\,d\beta}{(1-\alpha^2-\beta^2)^2} \quad \text{und} \quad \varDelta = \frac{1}{4}\,(1-\alpha^2-\beta^2)^2\left(\frac{\partial^2}{\partial\alpha^2} + \frac{\partial^2}{\partial\beta^2}\right). \tag{58}$$

Wir zerlegen nun $\overline{\mathfrak{F}}$ in kleine Teilbereiche $\mathfrak{U}, \mathfrak{B}_1, \ldots, \mathfrak{B}_r$, von denen jeder im Geltungsbereich einer O.U. liegt und keine parabolischen Spitzen auf seinem stückweise glatten Rand hat; verschiedene Bereiche sollen höchstens Randpunkte gemeinsam haben, und es sei

$$\mathfrak{U}: \; |t(\mathfrak{p})| \leqq c^n$$

mit t aus (56). Zerlegt man nun in der Darstellung (53) von z das Integral der Zerlegung von $\overline{\mathfrak{F}}$ entsprechend, so erhält man mit Hilfe von (37) und (38) für $\mathfrak{p} \in \mathfrak{U}$

$$z(\mathfrak{p}) = \int\limits_{\mathfrak{U}} \left[\frac{-1}{2\pi}\ln|t-t'| + \frac{1}{2\pi F}\int\limits_{\mathfrak{U}}(\ln|t-t_1| + \ln|t'-t_1|)\,\omega_1 + g(t,t')\right] f(t')\,\omega' +$$

$$+ \sum_{\varrho=1}^{r} \int\limits_{\mathfrak{B}_\varrho} \left[\frac{1}{2\pi F}\int\limits_{\mathfrak{U}}\ln|t-t_3|\,\omega_3 + \frac{1}{2\pi F}\int\limits_{\mathfrak{B}_\varrho}\ln|t_2-t'|\,\omega_2 + g_\varrho(t,t')\right] f(t')\,\omega'.$$

Dabei sind $g(t,t')$ und die $g_\varrho(t,t')$ Realteile regulärer Funktionen von t, t', wenn t, t' im Innern von $\mathfrak{U}$ bzw. t im Innern von $\mathfrak{U}$ und t' im Innern von $\mathfrak{B}_\varrho$ variieren. Die von den Gliedern $\ln|t-t_1|$ und $\ln|t-t_3|$ herrührenden Beiträge heben sich wegen Voraussetzung (52) gegenseitig auf. Geht man hier vom Argument $\mathfrak{p}$ über (56), (57) zum Argument ϑ über, so ist

$$\mathfrak{U}_0: \; |\vartheta| \leqq c$$

diejenige Umgebung von $\vartheta = 0$, die dabei der n-fach überdeckten Umgebung $\mathfrak{U}_0$ von $\mathfrak{p}_0$ entspricht. ϑ werde jetzt sogar auf den Kreis $|\vartheta| \leqq c/2$ eingeschränkt. Mit einer gewissen Konstanten C ist dann

$$\left.\begin{aligned}
z(\vartheta) = &-\frac{1}{2\pi n}\int\limits_{\mathfrak{U}_0}\ln|\vartheta^n - \vartheta'^{\,n}|\,f(\vartheta')\,\omega' + \\
&+ \frac{1}{n}\int\limits_{\mathfrak{U}_0} g(\vartheta^n, \vartheta'^{\,n})\,f(\vartheta')\,\omega' + \sum_{\varrho=1}^{r}\int\limits_{\mathfrak{B}_\varrho} g_\varrho(\vartheta^n, t')\,f(t')\,\omega' + C.
\end{aligned}\right\} \tag{59}$$

Die Beiträge der Funktionen g und g_ϱ sind beliebig oft unter dem Integralzeichen nach α, β differenzierbar. Um die zweimalige Differenzierbarkeit des ersten Gliedes zu zeigen, nehmen wir an ihm

mit Hilfe einer primitiven n-ten Einheitswurzel ε folgende Umformung vor $\left(\text{den Faktor } -\dfrac{1}{2\pi} \text{ lassen wir weg}\right)$

$$J = \frac{1}{n}\int\limits_{\mathfrak{U}_0}\ln|\vartheta^n - \vartheta'^{\,n}|\,f(\vartheta')\,\omega' = \frac{1}{n}\iint\limits_{\mathfrak{U}_0}\sum_{\nu=1}^{n}\ln|\vartheta - \varepsilon^\nu\vartheta'|\,f(\vartheta')\,\frac{4\,d\alpha'\,d\beta'}{(1-|\vartheta'|^2)^2}\,.$$

Wenn man $\varepsilon^\nu\vartheta'$ als neue Integrationsvariable einführt und die
Invarianzeigenschaften von f berücksichtigt, folgt

$$J = \iint\limits_{\mathfrak{U}_0}\ln|\vartheta - \vartheta'|\cdot f(\vartheta')\,\frac{4\,d\alpha'\,d\beta'}{(1-|\vartheta'|^2)^2}\,. \tag{60}$$

Die Fälle verschiedener n laufen zusammen, und eine Differentiation unter dem Integralzeichen ist möglich:

$$\frac{\partial J}{\partial\alpha} = \iint\limits_{\mathfrak{U}_0}\frac{\alpha - \alpha'}{|\vartheta - \vartheta'|^2}\cdot f(\vartheta')\,\frac{4\,d\alpha'\,d\beta'}{(1-|\vartheta'|^2)^2}\,.$$

Dabei wird zunächst nur die Stetigkeit von f benutzt. Entsprechendes gilt für β statt α. Zu den höheren Ableitungen kommt
man in bekannter Weise durch teilweise Integration:

$$\frac{\partial J}{\partial\alpha} = -\iint\limits_{\mathfrak{U}_0}\left(\frac{\partial}{\partial\alpha'}\ln|\vartheta - \vartheta'|\right)f(\vartheta')\,\frac{4\,d\alpha'\,d\beta'}{(1-|\vartheta'|^2)^2}$$

$$= \iint\limits_{\mathfrak{U}_0}\ln|\vartheta - \vartheta'|\cdot\left(\frac{\partial}{\partial\alpha'}\,\frac{4f(\vartheta')}{(1-|\vartheta'|^2)^2}\right)d\alpha'\,d\beta' -$$

$$-\oint\limits_{\mathfrak{R}}\ln|\vartheta - \vartheta'|\cdot\frac{4f(\vartheta')}{(1-|\vartheta'|^2)^2}\,d\beta'\,,$$

wobei das über den Rand $\mathfrak{R}$ von $\mathfrak{U}_0$ erstreckte Integral beliebig
oft unter dem Integralzeichen differenzierbar ist, während $\iint\limits_{\mathfrak{U}_0}$ eine
weitere Differentiation nach α oder β zuläßt. Insgesamt haben
wir damit die zweimalige stetige Differenzierbarkeit von $z(\tau)$ bewiesen. Man erkennt noch, daß $z(\tau)$ $(p+1)$-mal stetig differenzierbar ist, wenn es $f(\tau)$ p-mal ist $(p = 0, 1, 2, \ldots)$.

Jetzt ist nur noch Gl. (51) zu bestätigen. (Nach dem bereits
Bewiesenen und wegen $f \in \mathfrak{H}$ wird damit insbesondere $z \in \mathfrak{D}$ gezeigt
sein.) Wir gehen dazu auf die mittels (60) umgeformte Darstel-
lung (59) zurück. Die Beiträge der Funktionen g und g_ϱ sind wie-
derum Realteile einer in ϑ regulären Funktion für $|\vartheta| \leq c/2$, so
daß $-\varDelta$ auf sie ausgeübt 0 liefert. Berücksichtigt man (58) beim

ersten (umgeformten) Gliede und die für stetig differenzierbares $\varrho(x, y)$ gültige POISSONsche Formel

$$\left(\frac{\partial^2}{\partial \alpha^2} + \frac{\partial^2}{\partial \beta^2}\right) \iint \varrho(x, y) \ln \sqrt{(\alpha - x)^2 + (\beta - y)^2}\, d x\, d y = 2\pi\, \varrho(\alpha, \beta),$$

so folgt insgesamt (51). Damit haben wir bewiesen:

Satz 8: Liegt die Funktion $f(\tau)$ in $\mathfrak{H}$ und ist sie in $\mathfrak{E}$ stetig differenzierbar nach x, y, so besitzt die Gleichung $-\varDelta z = f$ dann und nur dann eine in $\mathfrak{D}$ (Def. 3) gelegene Lösung z, wenn $(f, 1) = 0$ ist. In diesem Fall ist

$$z(\tau) = \int_{\mathfrak{F}} G(\tau, \tau')\, f(\tau')\, \omega' = Gf \tag{61}$$

die durch die Forderung $(z, 1) = 0$ eindeutig bestimmte Lösung.

Aus der auf ϑ umgeschriebenen Darstellung (37) und den eben angestellten Überlegungen folgt ohne weiteres

Satz 9: Falls die beiden Argumente der GREENschen Funktion $G(\tau, \tau')$ nicht gerade nach Γ äquivalent sind, ist $G(\tau, \tau')$ beliebig oft nach τ, τ' differenzierbar, und es gilt

$$\varDelta G(\tau, \tau') = \frac{1}{F}, \tag{62}$$

wobei F den Inhalt von $\overline{\mathfrak{F}}$ bezeichnet.

Mit Hilfe von Satz 8 beweisen wir nun

Satz 10: Der in ganz $\mathfrak{H}$ definierte symmetrische Operator G aus Satz 7 hat 0 als einfachen Eigenwert; die konstante ist die einzige zu $\lambda = 0$ gehörige Eigenfunktion.

Beweis indirekt: Nach (55) ist $G1 = 0$. Gäbe es eine nicht konstante Eigenfunktion g, so könnten wir $(g, 1) = 0$ annehmen, und es gäbe eine in $\mathfrak{E}$ dreimal stetig differenzierbare Funktion $h \in \mathfrak{H}$ mit $(g, h) \neq 0$, da ja die dreimal stetig differenzierbaren Funktionen in $\mathfrak{H}$ dicht liegen. Dabei können wir sogar noch annehmen, daß h in kleinen Umgebungen der Spitzen von Γ (falls vorhanden) konstant ist, wodurch $-\varDelta h \in \mathfrak{H}$ gewährleistet ist. Da h offenbar noch um eine Konstante abgeändert werden kann, können wir schließlich noch $(h, 1) = 0$ annehmen. Dann gilt aber nach Satz 8 $h = G(-\varDelta h)$ und wegen der Symmetrie von G und wegen $Gg = 0$

$$(g, h) = (g, G(-\varDelta h)) = (Gg, -\varDelta h) = 0,$$

womit ein Widerspruch herbeigeführt ist.

Unsere Ergebnisse über die Differentialgleichung (51) sind noch insofern unbefriedigend, als wir zwar Lösungen z aus $\mathfrak{D}$ suchten, dabei aber f durch die Forderung stetiger Differenzierbarkeit unnötig stark eingeschränkt haben. Andererseits ist bekannt, daß (51) nicht für jedes stetige, der Bedingung (52) genügende f eine in $\mathfrak{D}$ gelegene Lösung z besitzt. Dennoch ist eine in dieser Richtung liegende Ergänzung möglich. Um uns bequemer ausdrücken zu können, schicken wir folgende Definitionen voraus:

Definition 6: Die Menge aller Elemente $-\varDelta f$, wobei f die Menge $\mathfrak{D}$ aus Def. 3 durchläuft, heiße der Wertevorrat von $-\varDelta$ auf $\mathfrak{D}$, genannt $\mathfrak{W}$. $\mathfrak{H}_0$ sei derjenige Unterraum von $\mathfrak{H}$, der aus allen Elementen f mit $(f, 1) = 0$ besteht. Ferner sei $\mathfrak{D}_0 = \mathfrak{D} \cap \mathfrak{H}_0$.

Definition 7: Ist A ein beliebiger Operator in $\mathfrak{H}$, der seinen Definitionsbereich $\mathfrak{D}_A$ umkehrbar eindeutig auf seinen Wertevorrat abbildet, so heißt derjenige Operator, welcher die inverse Abbildung liefert, der inverse oder reziproke Operator oder die Reziproke von A. Er wird mit A^{-1} bezeichnet.

Die angekündigte Ergänzung von Satz 8 lautet nun:

Satz 11: Ist $f(\tau)$ eine beliebige Funktion aus dem Wertevorrat $\mathfrak{W}$ von $-\varDelta$ auf $\mathfrak{D}$, so ist die in $\mathfrak{D}_0$ (Def. 6) gelegene Lösung z von (51) wiederum durch (61) gegeben, d.h. $-\varDelta$ auf $\mathfrak{D}_0$ und G auf $\mathfrak{W}$ (G wurde in Satz 7 in ganz $\mathfrak{H}$ definiert) sind reziproke Operatoren.

Eine Funktion $z(\tau)$ liegt dann und nur dann in $\mathfrak{D}_0$, wenn $z = Gf$ für ein $f \in \mathfrak{H}_0$ ist und z in $\mathfrak{E}$ zweimal stetig differenzierbar ist; f ist dann als Element von $\mathfrak{H}_0$ durch $-\varDelta z$ gegeben.

Beweis: Der erste Teil dieses Satzes kann leicht bewiesen werden, wenn man schon an dieser Stelle von der wesentlichen Selbstadjungiertheit von $-\varDelta$ auf dem zu den stetig differenzierbaren f gehörigen Teilbereich von $\mathfrak{D}_0$ Gebrauch macht. Ohne diesen Begriff, von dem erst in § 8 die Rede sein wird, kommt man in unserer Lage wie folgt zum Ziel:

Ist $\mathfrak{p}_0$ eine beliebige, von den Spitzen verschiedene Stelle von $\overline{\mathfrak{F}}$,

$$\mathfrak{K}: \quad |t(\mathfrak{p})| \leqq c \qquad (c > 0 \text{ und } t \text{ O.U. zu } \mathfrak{p}_0)$$

ein kleiner Kreis um $\mathfrak{p}_0$, und sind $\mathfrak{W}_1, \ldots, \mathfrak{W}_N$ wie in (44) definiert, dann ist nach einer GREENschen Umformung, angewandt auf den

Bereich $\mathfrak{B} = \overline{\mathfrak{F}} - \mathfrak{K} - \sum_\nu \mathfrak{B}_\nu$, in dem $G(\mathfrak{p}_0, \mathfrak{p})$ zweimal stetig differenzierbar ist,

$$\int_{\mathfrak{B}} \left[G(\mathfrak{p}_0, \mathfrak{p})\, \Delta z(\mathfrak{p}) - \Delta G(\mathfrak{p}_0, \mathfrak{p})\, z(\mathfrak{p}) \right] \omega$$

$$= \oint_{\mathfrak{K}} \left[G(\mathfrak{p}_0, \mathfrak{p}) \frac{\partial z(\mathfrak{p})}{\partial n} - \frac{\partial G(\mathfrak{p}_0, \mathfrak{p})}{\partial n} z(\mathfrak{p}) \right] ds + \sum_\nu \oint_{\mathfrak{B}_\nu} \left[G \frac{\partial z}{\partial n} - \frac{\partial G}{\partial n} z \right] ds,$$

wobei n und ds in den jeweils zuständigen örtlichen Koordinaten $t = u + iv$ die innere Randnormale bzw. das Linienelement $ds^2 = du^2 + dv^2$ bezeichnen. Die elliptischen Ecken machen keine Schwierigkeiten. Beim Grenzübergang $c \to 0$ streben rechts die zu den $\mathfrak{B}_\nu$ gehörigen Beiträge nach 0. Das ist wegen der in (62) ausgedrückten quadratischen Integrierbarkeit von $\Delta G(\tau, \tau')$ ebenso wie bei der Ableitung von Formel (3) einzusehen. Das zu $\mathfrak{K}$ gehörige Randintegral strebt dagegen nach $-z(\mathfrak{p}_0)$, wie aus (37) ersichtlich ist. Die linke Seite strebt wegen (51), (62) und (54) nach

$$- \int_{\mathfrak{F}} G(\mathfrak{p}_0, \mathfrak{p})\, f(\mathfrak{p})\, \omega.$$

Damit ist (61) bestätigt und der erste Teil von Satz 11 bewiesen. Nun zum zweiten Teil: Ist $z \in \mathfrak{D}_0$, so ist $-\Delta z$ stetig und liegt in $\mathfrak{H}$, und nach dem eben Bewiesenen ist $z = G(-\Delta z)$. Ist $z = Gf$ eine beliebige Darstellung von z mit stetigem $f \in \mathfrak{H}_0$, so folgt $0 = G(f + \Delta z)$ und nach Satz 8 $f + \Delta z = $ const. Wegen $f, -\Delta z \in \mathfrak{H}_0$ folgt aber weiter $-\Delta z = f$. Nun zur Umkehrung: Ist $z = Gf$ zweimal stetig differenzierbar, so genügt es nach dem bereits Bewiesenen, $z \in \mathfrak{D}_0$ zu zeigen. Zunächst ist $z \in \mathfrak{H}$ und $(z, 1) = (Gf, 1) = (f, G1) = 0$, d.h. $z \in \mathfrak{H}_0$. Daher fehlt am Beweise von $z \in \mathfrak{D}_0$ nur noch $\Delta z \in \mathfrak{H}$. Aus der Stetigkeit von $\Delta z(\tau)$ folgt bereits $\Delta z \in \mathfrak{H}$, falls Γ keine Spitzen hat. Falls es Spitzen gibt, schließen wir indirekt: Läge Δz nicht in $\mathfrak{H}$, so gäbe es eine Folge von dreimal stetig differenzierbaren Funktionen $h_n \in \mathfrak{D}$ der Norm 1 $(n = 1, 2, \ldots)$, welche bzw. in den Umgebungen

$$\mathfrak{B}_\nu^{(n)}: \quad |t_\nu(\mathfrak{p})| \leqq \frac{1}{n} \qquad (\nu = 1, \ldots, N;\ n = 1, 2, \ldots)$$

der Spitzen $\mathfrak{z}_1, \ldots, \mathfrak{z}_N$ identisch verschwinden und für welche $\left| \int_{\mathfrak{F}} \Delta z \cdot \overline{h}_n\, \omega \right| \to \infty$ geht für $n \to \infty$. Die Existenz einer solchen Folge folgt sofort aus der Divergenz von $\int_{\mathfrak{F}} |\Delta z|^2 \omega$ und der Stetigkeit von $\Delta z(\tau)$. Bezeichnet nun z_n für $n = 1, 2, \ldots$ eine Folge zweimal stetig differenzierbarer Funktionen aus $\mathfrak{D}$, die mit z in $\overline{\mathfrak{F}} - \sum\limits_{\nu=1}^{N} \mathfrak{B}_\nu^{(n)}$ übereinstimmen, aber in den Umgebungen $\mathfrak{B}_\nu^{(2n)}$ identisch verschwinden, so gilt

$$
\begin{aligned}
\int\limits_{\overline{\mathfrak{F}}} \Delta z \cdot \overline{h}_n \, \omega = (\Delta z_n, h_n) &= (z_n, \Delta h_n) && \text{nach (2)} \\
&= (z, \Delta h_n) = (Gf, \Delta h_n) \\
&= (f, G\Delta h_n) = \left(f, -h_n + \tfrac{1}{F}(h_n, 1)\right) && \text{nach Satz 8} \\
&= (f, -h_n) && \text{wegen } f \in \mathfrak{H}_0.
\end{aligned}
$$

Dies ist aber wegen $\|h_n\| = 1$ beschränkt im Gegensatz zum anderen Ende dieser Gleichungskette. — Damit ist $\Delta z \in \mathfrak{H}$ und $z \in \mathfrak{D}_0$ bewiesen. Nur das fehlte aber noch am vollständigen Beweis von Satz 11.

Mit Hilfe von (3) und dem ersten Teil von Satz 11 beweist man mühelos zunächst für $f \in \mathfrak{W}$ und dann unter Benutzung der Beschränktheit des Operators G

$$
(Gf, f) \geq 0 \quad \text{für alle } f \in \mathfrak{H}. \tag{63}
$$

G ist also ebenso wie $-\Delta$ definit (Satz 1). Da der Operator G, oder vielmehr seine „Einschränkung" auf $\mathfrak{W}$, nicht zu $-\Delta$ auf $\mathfrak{D}$, sondern nur zu $-\Delta$ auf $\mathfrak{D}_0$ reziprok ist, wäre $G(\tau, \tau')$ genauer als „GREENsche Funktion im erweiterten Sinne" zu bezeichnen.

Wir untersuchen nun die Differentialgleichung (51) noch einmal unter neuen Voraussetzungen über z und f. Dabei wird vorausgesetzt, daß Γ Spitzen hat. Wir verlangen:

a) $f(\tau)$ und $z(\tau)$ sollen automorph bezüglich Γ und in $\mathfrak{E}$ einmal bzw. zweimal stetig differenzierbar sein.

b) Ist τ_0 (reell oder ∞) eine beliebige Spitze von Γ und A eine zugehörige Matrix, so gebe es Zahlen $\alpha, \alpha' < 1$, so daß

$$
f(A^{-1}\tau) = O(y^{\alpha'}) \quad \text{und} \quad z(A^{-1}\tau) = O(y^{\alpha}) \quad \text{für } y \to \infty
$$

gleichmäßig in x gilt.

Unsere Forderungen bewirken insbesondere, daß f und z über $\mathfrak{F}$ integrierbar sind. Analog zu Satz 8 beweisen wir

Satz 12: Unter den Voraussetzungen a) und b) hat die homogene Gleichung $-\Delta z = 0$ wieder nur die konstante Lösung. Gl. (51) ist dann und nur dann lösbar, wenn $\int\limits_{\mathfrak{F}} f\omega = 0$ ist. Im Falle der Lösbarkeit lautet die durch die Forderung

$$\int\limits_{\mathfrak{F}} z\,\omega = 0 \qquad (64)$$

eindeutig bestimmte Lösung

$$z(\tau) = \int\limits_{\mathfrak{F}} G(\tau,\tau')\,f(\tau')\,\omega'. \qquad (65)$$

Beweis: 1. Eine Lösung z der homogenen Gleichung hat in einer Spitze τ_0 von Γ eine Entwicklung vom Typ (13), wobei gemäß (12) und (14) $r = -\dfrac{i}{2}$ und nach (11) $a_0(y) = b_0 + c_0 y$ ist. Wegen unserer Forderung b) an z folgt $c_0 = 0$, $z \in \mathfrak{H}$ und $z = \text{const.}$ nach Satz 1.

2. (51) sei lösbar. Wendet man eine GREENsche Umformung auf die linke Seite der Gleichung

$$\int\limits_{\mathfrak{B}} (1 \cdot \varDelta z - z \cdot \varDelta 1)\,\omega = -\int\limits_{\mathfrak{B}} f\omega$$

an, wo $\mathfrak{B}$ den Bereich $\mathfrak{F} - \sum\limits_{\nu=1}^{N} A_\nu^{-1}\mathfrak{B}_{Y_\nu}$ mit A_ν, von S. 10, $\mathfrak{B}_{Y_\nu}$ aus (4) bedeutet, so ergibt sich

$$\sum_{\nu=1}^{N}\left(\int\limits_{0}^{1} \frac{\partial z_\nu(\tau)}{\partial y}\,dx \right)_{y=Y_\nu} = -\int\limits_{\mathfrak{B}} f\omega$$

mit $z_\nu(\tau) = z(A_\nu^{-1}\tau)$. Da nun die rechte Seite für $Y_1, \ldots, Y_N \to \infty$ den Limes $-\int\limits_{\mathfrak{F}} f\omega$ hat, hat links $\int\limits_{0}^{1} \frac{\partial z_\nu}{\partial y}\,dx$ für $y \to \infty$ und jedes $\nu = 1, \ldots, N$ einen Grenzwert c_ν. Wäre ein $c_\nu \neq 0$, so folgte durch Integration die asymptotische Gleichung

$$\int\limits_{0}^{1} z_\nu\,dx \sim c_\nu y \quad \text{für} \quad y \to \infty$$

im Widerspruch zur Eigenschaft b) von z. Also sind alle c_ν gleich 0 und damit auch $\int\limits_{\mathfrak{F}} f\omega$.

3. $\int\limits_{\mathfrak{F}} f\omega = 0$ sei erfüllt. Forderung b) und die in denselben Koordinaten geschriebene O-Aussage (40) garantieren zunächst die

Existenz von $z(\tau) = \int\limits_{\mathfrak{F}} G(\tau, \tau')\, f(\tau')\, \omega'$. Das Abschätzungsverfahren von S. 23, in den dortigen Koordinaten ausgeführt, zeigt, daß dieses z unsere Voraussetzung b) mit $\alpha = \alpha'$ erfüllt. (64) ergibt sich durch Vertauschung der Integrationsreihenfolge in

$$\int\limits_{\mathfrak{F}} \left(\int\limits_{\mathfrak{F}} G(\tau, \tau')\, f(\tau')\, \omega' \right) \omega,$$

was wegen absoluter Konvergenz zu rechtfertigen ist. Wie auf S. 32ff. beweist man schließlich, daß z zweimal stetig differenzierbar ist und (51) erfüllt. Daß es keine weitere, der Bedingung (64) genügende Lösung geben kann, ist klar. Damit ist Satz 12 bewiesen.

§ 6. Untersuchung der Wellengleichung mit Hilfe der Greenschen Funktion.

Wir stellen zunächst einen Zusammenhang zwischen den automorphen Wellenfunktionen und den Lösungen der Gleichung

$$\int\limits_{\mathfrak{F}} G(\tau, \tau')\, z(\tau')\, \omega' = \mu\, z(\tau) \tag{66}$$

her. z soll dabei wieder entweder quadratisch integrierbar sein oder aber die Forderungen a), b) von S. 38 erfüllen, damit (66) überhaupt einen Sinn hat. Wir beginnen mit dem Fall $z \in \mathfrak{H}$.

Satz 13: Die Eigenfunktionen von $-\Delta$ sind genau die Eigenfunktionen des Operators G. Die konstante Eigenfunktion ist die einzige Eigenfunktion zum Eigenwert 0 für beide Operatoren, während jede andere Eigenfunktion zueinander inverse Eigenwerte bezüglich $-\Delta$ und G hat.

Beweis: Das über den Eigenwert 0 Gesagte ist nach Satz 1 und Satz 10 richtig. Ist z eine Eigenfunktion von $-\Delta$ zu einem $\lambda \neq 0$, so ist $(z, 1) = 0$ und aus Satz 8 folgt $z = \lambda G z$, d.h. z ist Eigenfunktion von G zum Eigenwert λ^{-1}. Es sei jetzt umgekehrt z eine durch (66) gegebene Eigenfunktion von G zu einem Eigenwert $\mu \neq 0$. Nach Satz 7 ist $z(\tau)$ in $\mathfrak{E}$ stetig, woraus nach S. 32ff. erst einmalige und dann zweimalige Differenzierbarkeit folgen. Da offenbar $(z, 1) = 0$ ist, ist z nach Satz 8 Lösung von $-\Delta(\mu z) = z$, d.h. Eigenfunktion von $-\Delta$ zum Eigenwert μ^{-1}.

Unter den Voraussetzungen a), b) von S. 38 hat man als einfache Folge von Satz 12 den

Satz 14: Jede automorphe Wellenfunktion zu einem $\lambda \neq 0$, die auch noch die Eigenschaft b) von S. 38 hat, genügt der Gleichung

$$z(\tau) = \lambda \int\limits_{\mathfrak{F}} G(\tau, \tau')\, z(\tau')\, \omega' . \tag{67}$$

Umgekehrt ist jede Lösung z dieser Gleichung mit den Eigenschaften a), b) von S. 38 eine automorphe Wellenfunktion zu demselben λ-Wert. Für diese Wellenfunktionen ist

$$\int\limits_{\mathfrak{F}} z\,\omega = 0 .$$

Bemerkung: Wir sind hier sogleich von zweimal stetig differenzierbaren Lösungen von (67) ausgegangen. Man hätte statt dessen auch nur Meßbarkeit und die Existenz von $\int\limits_{\mathfrak{F}} |z|^{1+\varepsilon}\omega$ mit einem beliebig kleinen $\varepsilon > 0$ fordern können. Es läßt sich dann aber die zweimalige Differenzierbarkeit von z beweisen und es ergibt sich nichts Neues.

Jede automorphe Wellenfunktion ist als Lösung einer elliptischen Differentialgleichung mit analytischen Koeffizienten eine analytische Funktion der reellen Veränderlichen x, y.

Satz 15: Falls Γ keine Spitzen hat, ist das System der Eigenfunktionen von $-\varDelta$ in $\mathfrak{H}$ vollständig. Alle Eigenwerte haben endliche Vielfachheit, und sie häufen sich im Endlichen nicht. Die Summe der reziproken Quadrate der positiven Eigenwerte von $-\varDelta$, ein jeder in seiner Vielfachheit genommen, ist konvergent.

Beweis: Falls Γ keine Spitzen hat, existiert nach S. 24

$$\iint\limits_{\mathfrak{F}\,\mathfrak{F}} G^2(\tau, \tau')\, \omega\, \omega' .$$

Wegen Satz 13 folgt daher die Richtigkeit der Behauptung aus einem bekannten Satz der Integralgleichungstheorie (siehe z. B. [11], Nr. 97).

Satz 16: Es sei Γ eine Grenzkreisgruppe erster Art mit Spitzen. Dann haben alle Eigenwerte von $-\varDelta$ endliche Vielfachheit, und sie häufen sich im Endlichen höchstens bei $\lambda = \tfrac{1}{4}$, und zwar von unten her. Eine solche Häufung findet genau dann nicht statt, wenn die O-Aussage von Def. 1, 4) mit einer generellen Konstanten $\alpha < \tfrac{1}{2}$ für alle Eigenfunktionen und Spitzen erfüllt ist; d. h. insbesondere dann, wenn alle nichtkonstanten Eigenfunktionen Spitzenfunktionen sind, wie dies z.B. nach Satz 3 für $\Gamma = M(Q)$ der Fall ist. Allgemein gibt es keine Folge von beschränkten Eigenfunktionen, deren Eigenwerte sich bei $\frac{1}{4}$ häufen.

Beweis: 1. Es gebe keine Konstante $\alpha < \frac{1}{2}$ von der im Satz genannten Art. Da jede einzelne Eigenfunktion nach (11), (12), (14) und (16) die O-Aussage aus Def. 1, 4) mit einem geeigneten $\alpha < \frac{1}{2}$ erfüllt, muß es also eine Folge $z_1, z_2, \ldots$ von Eigenfunktionen und eine Folge zugehöriger Exponenten $\alpha_1, \alpha_2, \ldots$ geben, die gegen $\frac{1}{2} - 0$ konvergieren, so daß in der Entwicklung von z_n nach einer gewissen Spitze das zu $a_0(y)$ aus (13) analoge Glied

$$a_{0n}(y) = b_{0n} y^{\frac{1}{2} - i r_n} = b_{0n} y^{\alpha_n} \quad \text{mit} \quad b_{0n} \neq 0$$

lautet. $\alpha_n \to \frac{1}{2} - 0$ für $n \to \infty$ bedeutet dann aber $i r_n \to 0 + 0$ und für die zugehörigen Eigenwerte

$$\lambda_n = \tfrac{1}{4} + r_n^2 \to \tfrac{1}{4} - 0 .$$

2. Es gebe eine Konstante $\alpha < \frac{1}{2}$ von der im Satz genannten Art. Um indirekt zu schließen nehmen wir an, daß es eine Folge $z_1, z_2, \ldots$ von normierten und paarweise orthogonalen Eigenfunktionen gibt, deren Eigenwerte $\lambda_1, \lambda_2, \ldots$ sämtlich unter einer festen positiven Zahl M bleiben. Insbesondere achten wir auf den Fall, daß jede Funktion der Folge beschränkt ist. Da der Eigenwert $\lambda = 0$ einfach ist, kommt er höchstens einmal in der Folge $\lambda_1, \lambda_2, \ldots$ Wir dürfen daher annehmen, er fehle überhaupt. (Übrigens folgt schon aus der Beschränktheit des Operators G, daß $\lambda = 0$ kein Häufungspunkt von Eigenwerten von $-\varDelta$ ist.) Um eine geringe Vereinfachung zu erzielen, setzen wir die Eigenfunktionen unserer Folge als reell voraus. Letzteres ist erlaubt, weil mit jeder Eigenfunktion offenbar auch ihr nicht verschwindender reeller oder imaginärer Teil eine Eigenfunktion zu demselben Eigenwert ist. Da für jedes $\tau_0 \in \mathfrak{E}$ die Funktion $G(\tau_0, \tau)$ in $\mathfrak{H}$ liegt, ist nach der BESSEL-schen Ungleichung

$$\sum_{n=1}^{\infty} \frac{z_n^2(\tau_0)}{\lambda_n^2} = \sum_{n=1}^{\infty} (G(\tau_0, \tau), z_n(\tau))^2 \leq \| G(\tau_0, \tau) \|^2 . \tag{68}$$

Wir zeigen nun, daß die linke Seite gleichmäßig in $\tau_0 \in \mathfrak{F}_Y$ [s. (5)] konvergiert, wobei

$$Y^2 \geq N(M + 1) \tag{69}$$

sei. Da die Glieder der Reihe nicht negative, stetige Funktionen in dem beschränkten und abgeschlossenen Bereich $\mathfrak{F}_Y$ sind, besteht nach einem Satz von DINI gleichmäßige Konvergenz, wenn der Reihenwert in $\mathfrak{F}_Y$ stetig von τ_0 abhängt. Die Stetigkeit folgt aber im Hinblick auf (42) für $\tau_1 \to \tau_0$, τ_0 fester Punkt aus $\mathfrak{F}_Y$, aus folgender Abschätzung mit Hilfe der SCHWARZschen und BESSELschen Ungleichungen:

$$\left| \sum_{n=1}^{\infty} \big(G(\tau_1, \tau), z_n(\tau)\big)^2 - \sum_{n=1}^{\infty} \big(G(\tau_0, \tau), z_n(\tau)\big)^2 \right|^2$$

$$= \left| \sum_{n=1}^{\infty} \big(G(\tau_1, \tau) - G(\tau_0, \tau), z_n(\tau)\big)\big(G(\tau_1, \tau) + G(\tau_0, \tau), z_n(\tau)\big) \right|^2$$

$$\leq \left| \sum_{n=1}^{\infty} \big(G(\tau_1, \tau) - G(\tau_0, \tau), z_n(\tau)\big)^2 \cdot \sum_{n=1}^{\infty} \big(G(\tau_1, \tau) + G(\tau_0, \tau), z_n(\tau)\big)^2 \right.$$

$$\leq \big\|G(\tau_1, \tau) - G(\tau_0, \tau)\big\|^2 \cdot \big\|G(\tau_1, \tau) + G(\tau_0, \tau)\big\|^2 \leq C\big\|G(\tau_1, \tau) - G(\tau_0, \tau)\big\|^2$$

mit einer geeigneten Konstanten C, die für alle $\tau_1 \in \mathfrak{F}_Y$ gilt. Aus der gleichmäßigen Konvergenz der linken Seite von (68) in $\mathfrak{F}_Y$ folgt wegen $0 < \lambda_n \leq M$:

$$|z_n(\tau)| \leq \varepsilon \quad \text{für } \tau \in \mathfrak{F}_Y \text{ falls } n \geq n_0(\varepsilon),\ 0 < \varepsilon < 1. \tag{70}$$

Für

$$z_n(A_\nu^{-1}\tau) = b_{0n}^{(\nu)}\, y^{\alpha_n^{(\nu)}} + S_n^{(\nu)}(\tau) \tag{71}$$

mit $\alpha_n^{(\nu)} = \frac{1}{2} - i\,r_n^{(\nu)}$ (analog zu den Bezeichnungen von S. 13),

$$S_n^{(\nu)}(\tau) = \sum_{k \neq 0} b_{kn}^{(\nu)}\, y^{\frac{1}{2}}\, K_{i\,r_n^{(\nu)}}(2\pi\,|k|\,y)\, e^{2\pi i k x} = \sum_{k \neq 0} a_{kn}^{(\nu)}(y)\, e^{2\pi i k x} \tag{72}$$

und $\tau \in \mathfrak{B}_Y$ folgt aus (71) und (70)

$$b_{0n}^{(\nu)} = Y^{-\alpha_n^{(\nu)}} \int_0^1 z_n(A_\nu^{-1}\tau)\, dx \Big|_{y=Y} \leq \varepsilon \quad \text{für} \quad n \geq n_0(\varepsilon).$$

Andererseits gilt wegen $\int_{\mathfrak{F}_Y} z_n^2\, \omega \leq \varepsilon^2 F$ für $n \geq n_0(\varepsilon)$ und wegen $\|z\| = 1$:

$$\int_{A_\nu^{-1}\mathfrak{B}_Y} z_n^2\, \omega \geq \frac{1}{N}(1 - \varepsilon^2 F) \tag{74}$$

für alle $n \geq n_0(\varepsilon)$ und mindestens ein $\nu = \nu(n) = 1, \ldots, N$. Da wir nötigenfalls zu einer Teilfolge übergehen können, darf angenommen werden, daß die letzte Ungleichung unabhängig von n stets für dasselbe ν erfüllt ist. Wir unterdrücken daher diesen Index fortan.

Mit (71) findet man

$$\int\limits_{A^{-1}\mathfrak{B}_Y} z_n^2\,\omega = \int\limits_{\mathfrak{B}_Y} (b_{0n}\,y^{\alpha n})^2\,\omega + \int\limits_{\mathfrak{B}_Y} S_n^2\,\omega. \tag{75}$$

mit

$$\int\limits_{\mathfrak{B}_Y} (b_{0n}\,y^{\alpha n})^2\,\omega = b_{0n}^2\,\frac{Y^{2\alpha_n-1}}{1-2\alpha_n} \le \varepsilon. \tag{76}$$

für $n \ge n_1(\varepsilon)$ $\big(\ge n_0(\varepsilon)\big)$; denn da wir die Existenz eines generellen $\alpha < \frac{1}{2}$ im Sinne unseres Satzes vorausgesetzt haben, sind in (71) diejenigen $\alpha_n^{(\nu)}$, für die $b_{0n}^{(\nu)} \neq 0$ ist, kleiner oder gleich α, so daß die Zahlen $1/(1-2\alpha_n^{(\nu)})$ für diese $\alpha_n^{(\nu)}$ eine beschränkte Menge bilden. Es braucht dann nur noch (73) und $2\alpha_n - 1 < 0$ bedacht zu werden. Aus (74), (75) und (76) folgt nun für $n \ge n_2$ mit hinreichend großem n_2

$$\frac{1}{2N} \le \int\limits_{A^{-1}\mathfrak{B}_Y} z_n^2\,\omega \le 2\int\limits_{\mathfrak{B}_Y} S_n^2\,\omega.$$

Wenn man hier (72) und die Vollständigkeitsrelation heranzieht, erhält man weiter

$$\frac{1}{2N} \le 2\int\limits_Y^{\infty} \sum_{k\neq 0} (a_{kn}(y))^2\,\frac{dy}{y^2} \le \frac{1}{2Y^2}\int\limits_Y^{\infty} \sum_{k\neq 0} 4\pi^2 k^2 (a_{kn}(y))^2\,dy$$

$$= \frac{1}{2Y^2}\int\limits_{\mathfrak{B}_Y} y^2 \left[\frac{\partial}{\partial x} z_n(A^{-1}\tau)\right]^2\,\omega \le \frac{\lambda_n}{2Y^2},$$

letzteres nach (3) mit $f(\tau) = g(\tau) = z_n(A^{-1}\tau)$, da $z_n(A^{-1}\tau)$ Eigenfunktion zum Eigenwert λ_n von $-\Delta$ und zur Gruppe $A\,\Gamma A^{-1}$ ist und $\mathfrak{B}_Y$ zu einem Fundamentalbereich dieser Gruppe ergänzt werden kann. Das letzte Ergebnis bedeutet wegen (69) $\lambda_n \ge M+1$ im Widerspruch zur Auswahl von M. Damit ist Satz 16 vollständig bewiesen.

Satz 17: Es sei Γ eine Grenzkreisgruppe erster Art mit Spitzen. Nimmt man die Eigenwerte von $-\Delta$ jeweils in derjenigen Vielfachheit, wie linear unabhängige Spitzenfunktionen zu ihnen vorhanden sind, so konvergiert die Summe ihrer reziproken Quadrate.

Beweis: Wir gehen von der Greenschen Funktion $G(\tau, \tau')$ zu einer neuen Funktion $G^*(\tau, \tau')$ über, die ebenfalls reell, symmetrisch und automorph bezüglich Γ ist und deren zugehöriger Integraloperator G^* auf die Spitzenfunktionen dieselbe Wirkung hat wie G, für die aber im Gegensatz zu $G(\tau, \tau')$ das Integral

$$\int\limits_{\mathfrak{F}}\int\limits_{\mathfrak{F}} G^{*2}(\tau, \tau')\, \omega\, \omega' \tag{77}$$

existiert. Über die Spitzenfunktionen hinaus kann $G^*(\tau, \tau')$ noch weitere Eigenfunktionen besitzen, die jedoch nicht interessieren. Aus der Existenz des Integrals (77) folgt dann unsere Behauptung nach einem bekannten Satz aus der Theorie der Integralgleichungen (siehe z.B. [11], Nr. 97). Wir werden $G^*(\tau, \tau')$ sogar so bestimmen, daß mit einer geeigneten Konstanten $C > 0$

$$\int\limits_{\mathfrak{F}} G^{*2}(\tau, \tau')\, \omega' \leq C \tag{78}$$

für alle $\tau \in \mathfrak{E}$ gilt. Daraus folgt die Existenz des Integrals (77).

Zur Definition von $G^*(\tau, \tau')$ sei $\mathfrak{F}$ ein Fundamentalbereich der auf S. 9 genannten Art. Er enthält in den dortigen Bezeichnungen insbesondere die Bereiche

$$\mathfrak{B}_\nu = A_\nu^{-1}\mathfrak{B}_Y \quad \text{für} \quad \nu = 1, \ldots, N, \; Y \text{ hinreichend groß.} \tag{79}$$

Wir definieren dann, zunächst nur für $\tau, \tau' \in \mathfrak{F}$:

$$G^*(\tau, \tau') = \begin{cases} G(\tau, \tau') & \text{für} \quad \tau, \tau' \in \mathfrak{F} - \sum \mathfrak{B}_\nu, \\ G_\mu(\tau, \tau') & \text{für} \quad \tau \in \mathfrak{B}_\mu, \quad \tau' \in \mathfrak{F} - \sum \mathfrak{B}_\nu, \\ G_\mu(\tau', \tau) & \text{für} \quad \tau \in \mathfrak{F} - \sum \mathfrak{B}_\nu, \quad \tau' \in \mathfrak{B}_\mu, \\ G_{\mu\nu}(\tau, \tau') & \text{für} \quad \tau \in \mathfrak{B}_\mu, \quad \tau' \in \mathfrak{B}_\nu. \end{cases}$$

Dabei seien

$$G_\mu(A_\mu^{-1}\tau, \tau') = G(A_\mu^{-1}\tau, \tau') + \frac{1}{F}\ln y$$

für $\tau \in \mathfrak{B}_Y, \; \tau' \in \mathfrak{F} - \sum\limits_\nu \mathfrak{B}_\nu$, und

$$G_{\mu\nu}(A_\mu^{-1}\tau, A_\nu^{-1}\tau') = G(A_\mu^{-1}\tau, A_\nu^{-1}\tau') - \delta_{\mu\nu}\mathrm{Min}\,(y, y') + \frac{1}{F}\ln(y\, y')$$

für $\tau, \tau' \in \mathfrak{B}_Y$. Für beliebige τ, τ' aus $\mathfrak{E}$ definieren wir $G^*(\tau, \tau')$ durch die Forderung der Automorphie bei Γ. $G^*(\tau, \tau')$ ist also eine reelle, symmetrische Funktion von τ, τ'. Zum Beweis von (78) zerlegen wir

$$\int\limits_{\mathfrak{F}} G^{*2}(\tau, \tau')\, \omega' = \int\limits_{\mathfrak{F} - \Sigma\mathfrak{B}_\nu} G^{*2}(\tau, \tau')\, \omega' + \sum_\nu \int\limits_{\mathfrak{B}_\nu} G^{*2}(\tau, \tau')\, \omega'.$$

Für $\tau \in \mathfrak{F} - \sum\limits_{\nu} \mathfrak{B}_\nu$ ist die rechte Seite gleich

$$\int\limits_{\mathfrak{F}-\Sigma\mathfrak{B}_\nu} G^2(\tau,\tau')\,\omega' + \sum_\nu \int\limits_{\mathfrak{B}_\nu} G_\nu^2\,(\tau',\tau)\,\omega',$$

was für $\tau \in \mathfrak{F} - \sum \mathfrak{B}_\nu$ beschränkt ist. Für $\tau \in \mathfrak{B}_\mu$ ist die rechte Seite gleich

$$\int\limits_{\mathfrak{F}-\Sigma\mathfrak{B}_\nu} G_\mu^2(\tau,\tau')\,\omega' + \sum_{\nu\neq\mu} \int\limits_{\mathfrak{B}_\nu} G_{\mu\nu}^2(\tau,\tau')\,\omega' + \int\limits_{\mathfrak{B}_\mu} G_{\mu\mu}^2(\tau,\tau')\,\omega'.$$

Hier ist jeder Summand beschränkt. Dies folgt für die ersten Summanden leicht mit Hilfe von (49) und (48) aus der Definition von $G_\mu(\tau,\tau')$ und $G_{\mu\nu}(\tau,\tau')$ mit $\mu \neq \nu$, für den letzten Summanden schließt man wie folgt. Es ist

$$\int\limits_{\mathfrak{B}_\mu} G_{\mu\mu}^2\,(\tau,\tau')\,\omega' = \int\limits_Y^\infty \int\limits_0^1 G_{\mu\mu}^2(A_\mu^{-1}\hat\tau, A_\mu^{-1}\tau')\,\frac{dx'\,dy'}{y'^2},$$

wobei $\hat\tau = A_\mu\tau$ gesetzt ist, so daß $\hat\tau = \hat x + i\hat y$ in $\mathfrak{B}_Y = A_\mu\mathfrak{B}_\mu$ variiert. Trägt man hier (47) ein, so ist offenbar nur der Beitrag

$$\int\limits_Y^\infty \int\limits_0^1 \left| \sum_{n\neq 0} \frac{1}{4\pi|n|}\, e^{-2\pi|n||y-y'|} \cdot e^{2\pi i n(\hat x - x')} \right|^2 \frac{dx'\,dy'}{y'^2}$$

kritisch. Er ist aber nach der Vollständigkeitsrelation bezüglich des vollständigen Orthogonalsystems $e^{2\pi i n x}$ ($n = 0, \pm 1, \pm 2, \ldots;$ $0 \leq x' \leq 1$) gleich

$$\int\limits_Y^\infty \sum_{n\neq 0} \frac{1}{16\pi^2 n^2}\, e^{-4\pi|n||\hat y - y'|}\, \frac{dy'}{y'^2},$$

was offenbar beschränkt ist.

Daß G und der zum Kern $G^*(\tau,\tau')$ gebildete Integraloperator G^* auf Spitzenfunktionen dieselbe Wirkung haben, ist klar, da sich $G(\tau,\tau')$ und $G^*(\tau,\tau')$ nur in der Nähe der Spitzen, und zwar nur in ihren nullten FOURIER-Koeffizienten, unterscheiden. Das vollendet den Beweis von Satz 17.

Satz 18: Ist Γ eine HECKEsche Gruppe $\mathbf{G}(\varkappa)$ (S. 30) oder Untergruppe einer solchen von endlichem Index, so besitzt $-\varDelta$ unendlich viele, in x ungerade Eigenfunktionen. Diese bilden im Falle der HECKEschen Gruppen ein vollständiges Orthogonalsystem für den Unterraum $\mathfrak{H}_-$ der ungeraden Funktionen aus $\mathfrak{H}$.

Beweis: Da jede Untergruppe von endlichem Index in einer Grenzkreisgruppe erster Art, eventuell nach Hinzunahme der Erzeugenden $\begin{pmatrix} -1 & 0 \\ 0 & -1 \end{pmatrix}$ offenbar wieder eine solche Gruppe ist, und jede Eigenfunktion von $-\Delta$ zu Γ auch Eigenfunktion zu dieser Untergruppe ist, dürfen wir uns auf den Fall HECKEscher Gruppen Γ beschränken. Setzt man $\tau^* = -x + iy$ für $\tau = x + iy$, so ist

$$G(\tau_1, \tau_4) = G(\tau_1^*, \tau_4^*). \tag{80}$$

Ersetzt man nämlich in Gl. (50) τ_1, τ_4 durch τ_1^*, τ_4^* und führt τ_2^*, τ_3^* statt τ_2, τ_3 als Integrationsveränderliche ein, wobei die Transformationsdeterminante 1 ist, so ergibt sich wegen $j(\tau^*) = \overline{j(\tau)}$ die Behauptung. Der gerade und der ungerade Bestandteil von $G(\tau_1, \tau_4)$ bezüglich x_1, nämlich

$$G_+(\tau_1, \tau_4) = \tfrac{1}{2}\left[G(\tau_1, \tau_4) + G(\tau_1^*, \tau_4)\right],$$

$$G_-(\tau_1, \tau_4) = \tfrac{1}{2}\left[G(\tau_1, \tau_4) - G(\tau_1^*, \tau_4)\right],$$

sind wegen (80) auch gerade bzw. ungerade in x_4. $G_+(\tau, \tau')$ und $G_-(\tau, \tau')$ sind wieder reell und symmetrisch in τ, τ' und sind ebenso wie $G(\tau, \tau')$ sowohl bezüglich τ als auch bezüglich τ' uqadratisch integrierbar. Sie haben aber im Endlichen eine additive logarithmische Singularität nicht nur für $\tau \sim \tau'$ (nach Γ), sondern auch für $\tau^* \sim \tau'$, während sie im übrigen beliebig oft differenzierbare Funktionen in $\mathfrak{E}$ sind (Satz 9). Aus (62) folgt

$$\Delta G_-(\tau, \tau') = 0, \qquad \Delta G_+(\tau, \tau') = \frac{1}{F}.$$

Bezeichnen $\mathfrak{H}_+$ und $\mathfrak{H}_-$ die von den geraden bzw. ungeraden Funktionen aus $\mathfrak{H}$ gebildeten total senkrechten Unterräume von $\mathfrak{H}$, so wird der Operator G von $\mathfrak{H}_+$ und $\mathfrak{H}_-$ im Sinne der folgenden Definition reduziert (vgl. [5], S. 150, § 3, auch [11], Nr. 116):

Definition 8: Ist A ein linearer Operator in einem HILBERT-Raum auf dem (linearen) Definitionsbereich $\mathfrak{D}_A$, $\mathfrak{R}$ ein Unterraum von $\mathfrak{H}$, und $\mathfrak{R}'$ der zu $\mathfrak{R}$ total senkrechte Unterraum von $\mathfrak{H}$, so reduziert $\mathfrak{R}$ den Operator A, wenn folgendes zutrifft:

a) Ein Element $f \in \mathfrak{H}$ liegt dann und nur dann in $\mathfrak{D}_A$, wenn die Komponenten g und g' von f bezüglich $\mathfrak{R}$ und $\mathfrak{R}'$ ebenfalls in $\mathfrak{D}_A$ liegen;

b) $A g$ und $A g'$ liegen wieder in $\mathfrak{R}$ bzw. in $\mathfrak{R}'$.

Mit diesen Bedingungen sind gleichwertig:

a*) Bezeichnet P die Projektion von $\mathfrak{H}$ auf $\mathfrak{R}$, so folgt aus $f \in \mathfrak{D}_A$ $Pf \in \mathfrak{D}_A$.

b*) Es gilt $A\,Pf = PA\,f$ für $f \in \mathfrak{D}_A$.

Der Operator G stimmt offenbar in $\mathfrak{H}_+$ mit dem Operator G_+ überein, welcher dem Kern $G_+(\tau, \tau')$ als Integraloperator entspricht, und Analoges gilt für die „Einschränkung von G auf $\mathfrak{H}_-$", d.h. es ist $G = G_+ + G_-$. Insbesondere sieht man: Verschwindet der gerade (ungerade) Bestandteil einer Eigenfunktion von G nicht, so ist er wieder eine Eigenfunktion von G und von G_+ (G_-) zum alten Eigenwert, und G_- besitzt über die ungeraden Eigenfunktionen von G hinaus keine Eigenfunktionen zu von 0 verschiedenen Eigenwerten. Führt man nun den Übergang zum ungeraden Bestandteil von $G(\tau, \tau')$ in der Entwicklung (47) aus, (wo y und y' beide genügend groß zu sein haben), so fallen offenbar die ersten beiden Glieder rechts fort und man erhält durch entsprechende Schlüsse wie für Satz 17 die Existenz von

$$\int\limits_{\mathfrak{F}} \int\limits_{\mathfrak{F}} G_-^2(\tau, \tau')\, \omega\, \omega'.$$

Nach einem bekannten Darstellungssatz (s. [11], Nr. 97) gilt dann

$$G_-(\tau, \tau') = \sum_{n=1, 2, \ldots} \mu_n z_n(\tau)\, \overline{z_n(\tau')}, \tag{81}$$

wobei $z_n(\tau)$ für $n = 1, 2, \ldots$ ein maximales System von orthogonalen, normierten Eigenfunktionen von G_- mit von 0 verschiedenen Eigenwerten μ_n durchläuft und die Konvergenz der Reihe für festes $\tau' \in \mathfrak{E}$ im Sinne der $\mathfrak{H}$-Konvergenz bezüglich τ zu verstehen ist. Da nun $G_-(\tau, \tau')$ für $\tau \sim \tau'$ (nach Γ) singulär ist, während die Eigenfunktionen von G in $\mathfrak{E}$ stetig sind, kann die rechte Seite von (81) nur dann mit der linken wie angegeben übereinstimmen, wenn die Anzahl der Summanden unendlich ist. Da nun die ungeraden Eigenfunktionen von G nach S. 40, Satz 13 genau die ungeraden Eigenfunktionen von $-\Delta$ sind, so haben wir die Existenz unendlich vieler linear unabhängiger Eigenfunktionen bewiesen. — Es bleibt noch zu zeigen, daß die Funktionen $z_1, z_2, \ldots$ aus (81) in $\mathfrak{H}_-$ vollständig sind. Dabei werden wir die Unendlichkeit ihrer Anzahl noch einmal beweisen, da $\mathfrak{H}_-$ unendliche Dimension hat. Gäbe es nun eine Funktion $f \neq 0$ aus $\mathfrak{H}_-$, die auf allen ungeraden Eigenfunktionen von G_- senkrecht steht, so folgte aus (81) $G_- f = 0$.

Da f ungerade ist, ist außerdem $G_+f=0$, es folgt $Gf=G_+f+G_-f=0$, $f=\text{const.}$ nach Satz 10 und, da f ungerade sein sollte, $f=0$ im Widerspruch zur Annahme. Damit ist Satz 18 bewiesen.

Alle ungeraden Eigenfunktionen einer HECKEschen Gruppe sind offenbar Spitzenfunktionen. Für diese Gruppen hat $G_-(\tau, \tau')$ die einfache Gestalt

$$G_-(\tau, \tau') = -\frac{1}{4\pi} \ln \left| \frac{j(\tau) - j(\tau')}{j(\tau^*) - j(\tau')} \right|.$$

Aus (48) folgt nämlich zunächst

$$G_-(\tau_1, \tau_4) = -\frac{1}{4\pi F^2} \int\limits_{\mathfrak{F}} \int\limits_{\mathfrak{F}} \ln \left| \frac{j(\tau_1) - j(\tau_4)}{j(\tau_1) - j(\tau_3)} \cdot \frac{j(\tau_1^*) - j(\tau_4)}{j(\tau_1^*) - j(\tau_3)} \right| \omega_2\, \omega_3$$

und daraus wegen $j(\tau^*) = \overline{j(\tau)}$ die Behauptung.

§ 7. Rohe Eigenwertabschätzungen bei HECKEschen Gruppen und der Thetagruppe.

Es sei Γ zunächst die Modulgruppe M oder die HECKEsche Gruppe $\mathsf{G}(\sqrt{2})$. Um eine gemeinsame Behandlung zu ermöglichen, gehen wir von $\mathsf{G}(\sqrt{2})$ sofort zu der transformierten Gruppe $\mathsf{G}'(\sqrt{2}) = A\,\mathsf{G}(\sqrt{2})\,A^{-1}$ über, wobei A die Substitution $\tau \to \frac{\tau}{\sqrt{2}}$ bedeutet. Die Eigenfunktionen von $-\varDelta$ für $\mathsf{G}'(\sqrt{2})$ entstehen aus denen für $\mathsf{G}(\sqrt{2})$ durch Transformation mit A, während die Eigenwerte dieselben bleiben.

$$\mathfrak{F}: \quad |x| \leq \tfrac{1}{2}, \quad |\tau| \geq \varrho \quad \text{in } \mathfrak{E}$$

stellt einen Fundamentalbereich von M oder $\mathsf{G}'(\sqrt{2})$ dar, je nachdem $\varrho = 1$ oder $\frac{\sqrt{2}}{2}$ ist. $\mathfrak{F}$ geht bei der in M bzw. $\mathsf{G}'(\sqrt{2})$ gelegenen Drehung $\tau \to -\frac{\varrho^2}{\tau}$ in einen anderen Fundamentalbereich $\mathfrak{F}^*$ über. Der Bereich $\mathfrak{F} + \mathfrak{F}^*$ hat die im folgenden wesentliche und für keine anderen HECKEschen Gruppen vorhandene Eigenschaft, den durch geradliniges Verbinden der Ecken von $\mathfrak{F}$ entstehenden Halbstreifen

$$\mathfrak{S}: \quad |x| \leq \tfrac{1}{2}, \quad y \geq y_0$$

mit

$$y_0 = \begin{cases} \dfrac{\sqrt{3}}{2} & \text{für } \mathsf{M} \\[2mm] \dfrac{1}{2} & \text{für } \mathsf{G}'(\sqrt{2}) \end{cases} \tag{82}$$

zu enthalten. Es bezeichne nun $z(\tau)$ für M oder $\mathsf{G}'\!\left(\sqrt{2}\right)$ eine normierte Spitzenfunktion mit kleinstmöglichem Eigenwert λ. Im Falle der Gruppe M ist λ wegen Satz 3 zugleich der kleinste positive Eigenwert von $-\Delta$ überhaupt, während ich im Falle $\mathsf{G}'\!\left(\sqrt{2}\right)$ die Existenz von nichtkonstanten Eigenfunktionen, die keine Spitzenfunktionen sind, nicht ausschließen konnte. $z(\tau)$ besitzt also eine Entwicklung

$$z(\tau) = \sum_{n \neq 0} a_n(y)\, e^{2\pi i n x}.$$

Unter Heranziehung der Vollständigkeitsrelation können wir dann nach (3) abschätzen:

$$2\lambda = \int\limits_{\mathfrak{F}+\mathfrak{F}^*} y^2\left(|z_x|^2 + |z_y|^2\right)\omega > \int\limits_{y_0}^{\infty}\int\limits_{-\frac{1}{2}}^{\frac{1}{2}} |z_x|^2\, dx\, dy$$

$$= \int\limits_{y_0}^{\infty} \sum_{n \neq 0} 4\pi^2 n^2 |a_n(y)|^2\, dy > 4\pi^2 y_0^2 \int\limits_{y_0}^{\infty} \sum_{n \neq 0} |a_n(y)|^2 \frac{dy}{y^2}$$

$$= 4\pi^2 y_0^2 \int\limits_{y_0}^{\infty}\int\limits_{-\frac{1}{2}}^{\frac{1}{2}} |z|^2 \frac{dx\, dy}{y^2} > 4\pi^2 y_0^2 \int\limits_{\mathfrak{F}} |z|^2\, \omega = 4\pi^2 y_0^2.$$

Damit haben wir wegen (82):

Im Falle der Modulgruppe ist der kleinste positive Eigenwert größer als $\frac{3}{2}\pi^2$, und im Falle der Heckeschen Gruppe $\mathsf{G}\!\left(\sqrt{2}\right)$ ist der kleinste, zu einer Spitzenfunktion gehörige Eigenwert größer als $\frac{1}{2}\pi^2$.

Es sei jetzt Γ die von den Matrizen

$$\begin{pmatrix} 1 & 2 \\ 0 & 1 \end{pmatrix}, \begin{pmatrix} 0 & 1 \\ -1 & 0 \end{pmatrix}$$

erzeugte Thetagruppe. Da sie eine Zwischengruppe von M und $\mathsf{M}(2)$ ist, hat $-\Delta$ unendlich viele Eigenfunktionen, die, abgesehen von der konstanten, Spitzenfunktionen sind (Satz 18 und Satz 3). Ein Fundamentalbereich $\mathfrak{F}$ wird durch die Ungleichungen

$$\mathfrak{F}: \quad 0 \leq x \leq 2, \quad |\tau| \geq 1, \quad |\tau - 2| \geq 1$$

beschrieben. Die transformierte Gruppe

$$\Gamma' = A^{-1}\Gamma A \quad \text{mit} \quad A = \begin{pmatrix} \sqrt{2} & \dfrac{1}{\sqrt{2}} \\[2mm] 0 & \dfrac{1}{\sqrt{2}} \end{pmatrix}, \quad A\tau = 2\tau + 1$$

hat den Fundamentalbereich

$$\mathfrak{F}': \quad |x| \leq \tfrac{1}{2}, \quad |\tau + \tfrac{1}{2}| \geq \tfrac{1}{2}, \quad |\tau - \tfrac{1}{2}| \geq \tfrac{1}{2}.$$

Er wird durch die Drehung $D = \begin{pmatrix} 0 & -\tfrac{1}{2} \\ 2 & 0 \end{pmatrix}$ der Ordnung 2 um $\dfrac{i}{2}\sqrt{2}$ in sich übergeführt. Dabei geht der Teilbereich

$$\mathfrak{S}: \quad |x| \leq \tfrac{1}{2}, \quad y \geq \tfrac{1}{2}$$

von $\mathfrak{F}'$ in den Teilbereich

$$\mathfrak{S}^* = D\,\mathfrak{S}: \quad |x| \leq \tfrac{1}{2}, \quad |\tau \pm \tfrac{1}{2}| \geq \tfrac{1}{2}, \quad \left|\tau - \tfrac{i}{2}\right| \leq \tfrac{1}{2}$$

über. Für eine Eigenfunktion $z(\tau)$ von $-\varDelta$ für Γ' zum kleinsten positiven Eigenwert λ ergibt sich nun die Abschätzung

$$\begin{aligned} 2\lambda = 2 \int_{\mathfrak{F}} y^2 (|z_x|^2 + |z_y|^2)\,\omega &> \int_{\mathfrak{S}+\mathfrak{S}^*} y^2 (|z_x|^2 + |z_y|^2)\,\omega \\ &= \int_{\mathfrak{S}} y^2 (|z_x|^2 + |z_y|^2)\,\omega + \int_{\mathfrak{S}} y^2 (|z_x^*|^2 + |z_y^*|^2)\,\omega, \end{aligned}$$

wenn $z^*(\tau) = z(D\tau)$ gesetzt und die formale Invarianz des Integranden bei hyperbolischen Bewegungen beachtet wird. Sind nun

$$z(\tau) = \sum_{n \neq 0} a_n(y)\, e^{2\pi i n x}, \quad z^*(\tau) = \sum_{n \neq 0} a_n^*(y)\, e^{2\pi i n x}$$

die Entwicklungen von z, z^* in ∞, so können wir unsere Abschätzung fortsetzen mit

$$2\lambda > \int_{\mathfrak{S}} y^2 (|z_x|^2 + |z_x^*|^2)\,\omega = \int_{\tfrac{1}{2}}^{\infty} \sum_{n \neq 0} 4\pi^2 n^2 (|a_n(y)|^2 + |a_n^*(y)|^2)\,dy$$

$$> 4\pi^2 \cdot (\tfrac{1}{2})^2 \cdot \int_{\tfrac{1}{2}}^{\infty} \sum_{n \neq 0} (|a_n(y)|^2 + |a_n^*(y)|^2)\,\frac{dy}{y^2}$$

$$= \pi^2 \int_{\mathfrak{S}} (|z|^2 + |z^*|^2)\,\omega = \pi^2 \int_{\mathfrak{S}+\mathfrak{S}^*} |z|^2\,\omega > \pi^2 \int_{\mathfrak{F}} |z|^2\,\omega = \pi^2,$$

und haben damit: Im Falle der Thetagruppe ist der kleinste positive Eigenwert von $-\varDelta$ größer als $\tfrac{1}{2}\pi^2$.

Im Falle der HECKEschen Gruppen $\mathsf{G}(\varkappa)$ sei noch folgendes ohne nähere Ausführung angegeben: Man erhält eine untere bzw. obere Abschätzung des kleinsten, zu einer ungeraden Eigenfunktion gehörigen Eigenwertes, wenn man den Fundamentalbereich $\mathfrak{F}$ von S. 31 durch den größeren bzw. kleineren Bereich

$$\mathfrak{S}: \quad |x| \leq \frac{\varkappa}{2}, \quad y \geq \sqrt{1 - \left(\frac{\varkappa}{2}\right)^2}$$

bzw.

$$\mathfrak{S}_1\colon \quad |x| \leq \tfrac{1}{2}, \quad y \geq 1$$

ersetzt und auf $\mathfrak{S}$ bzw. $\mathfrak{S}_1$ das Eigenwertproblem $-\varDelta z = \lambda z$ für ungerade Funktionen mit verschwindenden Randwerten untersucht ([13], S. 354, Satz 2). Diese Eigenwertprobleme können leicht durch Separation der Veränderlichen auf eindimensionale Probleme zurückgeführt werden, und man erhält $\lambda = \tfrac{1}{4}$ als eine untere bzw. $\lambda = \tfrac{1}{4} + r^2$, wo r die erste positive Nullstelle von $K_{ir}(2\pi)$ ist, als obere Abschätzung. Für $K_{ir}(2\pi)$ konnte ich keinen genauen Wert sondern nur die obere Schranke 100 ermitteln.

§ 8. Die wesentliche Selbstadjungiertheit des Operators $-\varDelta$ auf $\mathfrak{D}$ und seine selbstadjungierte Fortsetzung $-\widetilde{\varDelta}$.

Um den Anschluß an die allgemeine Spektraltheorie im Hilbertschen Raume zu bekommen, zeigen wir, daß $-\varDelta$ ein wesentlich selbstadjungierter Operator ist. „Wesentlich selbstadjungiert“ und „selbstadjungiert“ sollen die Bedeutung von „essentially self-adjoint“ und „self-adjoint“ im Sinne von [5], Def. 2.11 und 2.12 haben. Aus Satz 7 und [5], Theorem 2.24 folgt zunächst: Der Operator G ist selbstadjungiert. Daraus soll die wesentliche Selbstadjungiertheit von $-\varDelta$ auf $\mathfrak{D}$ geschlossen werden. Nach [5], Theorem 4.17 genügt es zu zeigen: Die Operatoren $-\varDelta - i$ und $-\varDelta + i$ bilden den Definitionsbereich $\mathfrak{D}$ von $-\varDelta$ auf dichte lineare Mannigfaltigkeiten von $\mathfrak{H}$ ab. Denn dann folgt, daß die Reziproken $(-\varDelta - i)^{-1}$ und $(-\varDelta + i)^{-1}$ existieren (S. 36, Def. 7), da ja $\pm i$ als imaginäre Zahlen keine Eigenwerte sind, und daß diese Reziproken dichte Definitionsbereiche haben und beschränkt sind, da ja

$$\| (-\varDelta \pm i) z \|^2 = \| \varDelta z \|^2 + \| z \|^2 \geq \| z \|^2$$

für beliebiges $z \in \mathfrak{D}$ gilt. Damit gehören dann $+i$ und $-i$ zur Resolventenmenge von $-\varDelta$ auf $\mathfrak{D}$ im Sinne von [5], Def. 4.1, wie zur Berufung auf [5], Theorem 4.17 zu zeigen ist. Wir beweisen jetzt nicht nur, daß $\mathfrak{D}$ durch die Operatoren $-\varDelta \pm i$ auf in $\mathfrak{H}$ dichte Mengen abgebildet wird, sondern daß dies sogar für den Operator $-\varDelta - \lambda$ zutrifft, wenn nur $\lambda \neq 0$ und λ^{-1} eine Zahl aus der Resolventenmenge $\mathfrak{R}_G$ von G ([5], Def. 4.1) ist. Da $\mathfrak{R}_G$ nach [5], Theorem 4.18 jedenfalls alle nicht reellen Zahlen enthält, wird damit nach dem obigen die wesentliche Selbstadjungiertheit von $-\Delta$ bewiesen sein. Da die in $\mathfrak{E}$ stetig differenzierbaren Funktionen $f \in \mathfrak{H}$ in $\mathfrak{H}$ dicht liegen, werden wir fertig sein, wenn wir folgendes bewiesen haben:

Satz 19: Ist $\lambda \neq 0$ und λ^{-1} in der Resolventenmenge $\mathfrak{R}_G$ von G gelegen, so besitzt die Gleichung

$$(-\Delta - \lambda)\, z = f \tag{83}$$

für jedes in $\mathfrak{E}$ stetig differenzierbare $f \in \mathfrak{H}$ eine eindeutig bestimmte Lösung $z \in \mathfrak{D}$.

Beweis: Daß es höchstens eine Lösung $z \in \mathfrak{D}$ geben kann, folgt aus der Tatsache, daß die Differenz zweier Lösungen, sofern sie nicht verschwindet, eine Eigenfunktion von $-\Delta$ zum Eigenwert λ und daher wegen $\lambda \neq 0$ und Satz 13 auch eine Eigenfunktion von G zum Eigenwert λ^{-1} sein müßte im Widerspruch zu $\lambda^{-1} \in \mathfrak{R}_G$. — Zum Beweis der Lösbarkeit von (83) lösen wir die Gleichung

$$G z - \lambda^{-1} z = -\lambda^{-1} G f + \lambda^{-2} c, \tag{84}$$

wobei $c = F^{-1}(f, 1)$ ist. Dies ist wegen unserer Voraussetzung über λ nach [5], Theorem 4.18 eindeutig möglich. (84) ist gleichbedeutend mit

$$z + \frac{c}{\lambda} = G(\lambda z + f). \tag{85}$$

Für die Lösung z dieser Gleichung gilt wegen (55)

$$(-\lambda z, 1) = (c, 1) = (f, 1). \tag{86}$$

z ist zweimal stetig differenzierbar, wie man aus (85) unter Beachtung der stetigen Differenzierbarkeit von f mit den Schlüssen von S. 32 ff. erkennt. Hieraus folgt wegen (86) und Satz 8

$$-\Delta\left(z + \frac{c}{\lambda}\right) = -\Delta z = \lambda z + f,$$

womit Satz 19 bewiesen ist.

Da $-\Delta$ auf $\mathfrak{D}$ wesentlich selbstadjungiert ist, besitzt $-\Delta$ eine (eindeutig bestimmte) selbstadjungierte Fortsetzung $-\tilde{\Delta}$, die man nach [5], Theorem 9.5 und dem Beweis von Theorem 2.10 durch „Abschließen" erhält, d.h. man nimmt ein Element $f \in \mathfrak{H}$ dann und nur dann in den Definitionsbereich $\widetilde{\mathfrak{D}}$ von $-\tilde{\Delta}$ auf, wenn es dazu ein Element $g \in \mathfrak{H}$ und zu jedem $\varepsilon > 0$ ein Element $f_\varepsilon \in \mathfrak{D}$ gibt, so daß

$$\|f - f_\varepsilon\| < \varepsilon \quad \text{und} \quad \|g - (-\Delta f_\varepsilon)\| < \varepsilon$$

ausfällt. Es wird dann $-\tilde{\varDelta}f=g$ definiert. Da G als beschränkter Operator stetig ist[5], $\mathfrak{W}$ in $\mathfrak{H}_0$ (S. 36, Def. 6) dicht liegt und $-\varDelta$ auf $\mathfrak{D}_0$ (Def. 6) zu G auf $\mathfrak{W}$ reziprok ist (Satz 11), erhält man sofort: $\widetilde{\mathfrak{D}}$ enthält genau diejenigen Elemente f, die sich mit einer geeigneten Konstanten c und einem geeigneten $g \in \mathfrak{H}_0$ (eindeutig) in der Form

$$f = c + Gg \tag{87}$$

darstellen lassen, und für dieses f ist $-\tilde{\varDelta}f=g$, so daß $-\tilde{\varDelta}$ auf $\widetilde{\mathfrak{D}} \cap \mathfrak{H}_0$ und G auf $\mathfrak{H}_0$ wieder zueinander reziprok sind. Nach [5], Theorem 2.13 besitzt $-\tilde{\varDelta}$ keine symmetrische Fortsetzung mehr. — Über selbstadjungierte Transformationen gilt folgender allgemeine, fundamentale Satz.

Satz 20: Ist A eine selbstadjungierte Transformation mit $\mathfrak{D}_A$ als Definitionsbereich, so gibt es zu A eine eindeutig bestimmte „Spektralschar" von Orthogonalprojektionen E_λ von $\mathfrak{H}$ auf gewisse Unterräume $\mathfrak{H}_\lambda$; diese Schar ist für alle reellen λ definiert und hat folgende charakteristischen Eigenschaften:

1. $E_\lambda E_\mu = E_\mu E_\lambda = E_\lambda$ für $\lambda \leq \mu$;

2. $\lim\limits_{\mu \to \lambda + 0} E_\mu f = E_\lambda f$ für alle λ und $f \in \mathfrak{H}$ im Sinne der $\mathfrak{H}$-Konvergenz;

3. $\lim\limits_{\lambda \to +\infty} E_\lambda f = f$, $\lim\limits_{\lambda \to -\infty} E_\lambda f = 0$ für alle $f \in \mathfrak{H}$;

4. $(E_\lambda - E_\mu)\, f \in \mathfrak{D}_A$ für jedes $f \in \mathfrak{H}$ und jedes endliche Paar λ, μ, und $(E_\lambda - E_\mu)\, A f = A\, (E_\lambda - E_\mu)\, f$ für $f \in \mathfrak{D}_A$;

5. $A = \int\limits_{-\infty}^{\infty} \lambda\, dE_\lambda$ in folgendem Sinne:

a) f liegt dann und nur dann in $\mathfrak{D}_A$, wenn das STIELTJES-Integral $\int\limits_{-\infty}^{\infty} \lambda^2\, d\|E_\lambda f\|^2$ konvergiert,

b) $(Af, g) = \int\limits_{-\infty}^{\infty} \lambda\, d(E_\lambda f, g)$ gilt für alle $f \in \mathfrak{D}_A$, $g \in \mathfrak{H}$.

Ein Beweis dieses Satzes steht bei [5], Theorem 5.9. — Man stellt leicht fest, daß die zu $\int\limits_{\alpha}^{\beta} \lambda\, d(E_\lambda f)$ für ein festes Paar reeller Zahlen α, β formal gebildeten STIELTJESschen Zerlegungssummen

---

[5] Das heißt G führt $\mathfrak{H}$-konvergente Folgen in $\mathfrak{H}$-konvergente Folgen über.

bei nach Null strebendem Feinheitsgrad der benutzten Intervallteilung gegen einen eindeutig bestimmten $\mathfrak{H}$-Grenzwert streben, durch den das obige Integral definiert werden kann. Aus dieser Definition erhält man leicht

$$\left\|\int\limits_{\alpha}^{\beta}\lambda\,d\,(E_\lambda f)\right\|^2 = \int\limits_{\alpha}^{\beta}\lambda^2\,d\,\|E_\lambda f\|^2 \qquad \text{für } \alpha \leq \beta,$$

woraus für $f \in \mathfrak{D}_A$ nach Satz 20,5a) die Existenz von

$$\int\limits_{-\infty}^{\infty}\lambda\,d\,(E_\lambda f) = \lim\limits_{\substack{\alpha\to-\infty\\\beta\to+\infty}}\int\limits_{\alpha}^{\beta}\lambda\,d\,(E_\lambda f)$$

im Sinne der $\mathfrak{H}$-Konvergenz folgt. Daraus folgt weiter

$$\left(\int\limits_{-\infty}^{\infty}\lambda\,d\,(E_\lambda f),\,g\right) = \int\limits_{-\infty}^{\infty}\lambda\,d\,(E_\lambda f,\,g),$$

so daß 5b) aus Satz 20 auch durch

$$A f = \int\limits_{-\infty}^{\infty}\lambda\,d\,(E_\lambda f) \tag{88}$$

im angegebenen Sinne ersetzt werden kann. — Nach [5], Theorem 5.13 gilt folgender Satz:

Satz 21: Es bezeichne E_λ die zu dem selbstadjungierten Operator A gehörige Spektralschar, $\mathfrak{C}$ die Menge aller Eigenfunktionen von A, $\mathfrak{M}$ den durch $\mathfrak{C}$ und das Nullelement bestimmten Unterraum von $\mathfrak{H}$ und $\mathfrak{N}$ den zu $\mathfrak{M}$ total senkrechten Teilraum von $\mathfrak{H}$. Dann liegt einer der folgenden drei Fälle vor:

1. $\mathfrak{C}$ ist leer, $\mathfrak{M}$ ist der Nullraum und $\mathfrak{N}$ ist gleich $\mathfrak{H}$.

2. $\mathfrak{C}$ enthält ein unvollständiges Orthogonalsystem, das den Unterraum $\mathfrak{M}$ bestimmt; $\mathfrak{M}$ hat positive endliche oder unendliche Dimension, $\mathfrak{N}$ ist unendlich-dimensional.

3. $\mathfrak{C}$ enthält ein vollständiges Orthogonalsystem, $\mathfrak{M}$ ist gleich $\mathfrak{H}$, $\mathfrak{N}$ ist der Nullraum.

A wird von $\mathfrak{M}$ und $\mathfrak{N}$ reduziert (Def. 8), welcher der obigen Fälle auch vorliegen mag. Eine notwendige und hinreichende Bedingung dafür, daß $f \in \mathfrak{H}$ eine Eigenfunktion von A zum Eigenwert λ ist, lautet:

$$\|E_\mu f\| = \begin{cases} 0 & \text{für } \mu < \lambda \\ \|f\| \neq 0 & \text{für } \mu \geq \lambda. \end{cases}$$

Eine notwendige und hinreichende Bedingung dafür, daß ein Element $f \in \mathfrak{H}$ in $\mathfrak{N}$ liegt, ist daß $\|E_\lambda f\|$ eine stetige Funktion von λ ist.

Da nach Satz 20,1

$$\|(E_\mu - E_\lambda)\,f\|^2 = \|E_\mu f\|^2 - \|E_\lambda f\|^2 \quad \text{für} \quad \lambda \leq \mu$$

zu schließen ist, ist Stetigkeit von $\|E_\lambda f\|$ gleichwertig damit, daß die Elemente $E_\lambda f$ in Abhängigkeit vom Parameter λ eine $\mathfrak{H}$-stetige Schar bilden. Falls Γ keine Spitzen hat, liegt nach Satz 15 Fall 3 von Satz 21 vor; falls Γ Spitzen hat, liegt Fall 2 oder 3 vor, wie wir später sehen werden. $\mathfrak{M}$ soll auch „Raum der Eigenfunktionen" und $\mathfrak{N}$, wie der nächste Paragraph verständlich machen wird, „Raum der Eigenpakete" heißen.

Satz 22: Alle Eigenelemente z von $-\tilde{\Delta}$ liegen schon in $\mathfrak{D}$; genauer gesagt, sie können durch Funktionen $z(\tau)$ aus $\mathfrak{D}$ repräsentiert werden, was mit der Bezeichnung $z(\tau)$ stets ausgedrückt sei. $-\tilde{\Delta}$ und $-\Delta$ haben also dieselben Eigenfunktionen.

Beweis: Jede Eigenfunktion von $-\Delta$ auf $\mathfrak{D}$ ist eine Eigenfunktion von $-\tilde{\Delta}$. Ist nun z eine zur konstanten senkrechte Eigenfunktion von $-\tilde{\Delta}$ und λ der zugehörige Eigenwert, so folgt nach S. 54 $z = \lambda G z$ und Satz 13 ergibt unsere Behauptung, da z und also auch λ nicht verschwinden.

§ 9. Eigenpakete.

Wir entwickeln zunächst (bis zu Satz 25) zur Erinnerung und der bequemeren Verfügbarkeit wegen eine Reihe von im folgenden grundlegenden Tatsachen, die teilweise schon auf Hellinger zurückgehen, jedoch in der Literatur oft unter recht verschieden gewählten Ausgangspunkten dargestellt sind. Als Basis dient uns [5], Theorem 5.13 und 5.9, bei uns zitiert als Satz 21 und Satz 20. Viele Beweise sind aus [6] übernommen.

Definition 9: Eine Schar von Elementen v_λ aus $\mathfrak{H}$, definiert für alle reellen λ, heißt Eigenpaket eines symmetrischen Operators A mit Definitionsbereich $\mathfrak{D}_A$, wenn sie folgende Eigenschaften hat:

1. $v_0 = 0$ und $v_\lambda \in \mathfrak{D}_A$ für alle λ;

2. v_λ ist $\mathfrak{H}$-stetig in λ, d.h. $\lim\limits_{\mu \to \lambda} \|v_\mu - v_\lambda\| = 0$;

3. $A v_\lambda = \int\limits_0^\lambda \mu\, d v_\mu$.

Das Integral ist als $\mathfrak{H}$-Grenzwert STIELTJESscher Zerlegungssummen zu verstehen. Damit gleichwertig ist seine Erklärung durch
$\lambda v_\lambda - \int\limits_0^\lambda v_\mu\, d\mu$, wobei das Integral als $\mathfrak{H}$-Grenzwert von Zerlegungssummen von gewöhnlicher Art gemeint ist.

Satz 23:

a) Die Eigenpakete und Eigenfunktionen eines symmetrischen
Operators A sind zueinander orthogonal.

b) Sind v_λ und w_λ zwei Eigenpakete von A und $[\alpha, \alpha']$, $[\beta, \beta']$
zwei Intervalle, die höchstens einen Endpunkt gemeinsam haben,
so besteht die Orthogonalität

$$(v_{\alpha'} - v_\alpha,\quad w_{\beta'} - w_\beta) = 0.$$

Beweis: Zu a): Ist z eine Eigenfunktion von A zum Eigenwert λ_0,
so folgt aus

$$\lambda_0\,(z, v_\lambda) = (Az, v_\lambda) = (z, Av_\lambda) = \left(z, \int\limits_0^\lambda \mu\, dv_\mu\right)$$

$$= \lambda\,(z, v_\lambda) - \int\limits_0^\lambda (z, v_\mu)\, d\mu,$$

daß die Funktion $y(\lambda) = (z, v_\lambda)$ die Funktionalgleichung

$$(\lambda - \lambda_0)\, y(\lambda) = \int\limits_0^\lambda y(\mu)\, d\mu$$

erfüllt, d.h. für $\lambda \neq \lambda_0$ existiert $y'(\lambda)$, und es wird $y'(\lambda) = 0$. Da
$y(\lambda)$ nach Forderung 2 aus Def. 9 in $-\infty < \lambda < +\infty$ stetig ist,
muß $y(\lambda)$ konstant sein, und es folgt $y(\lambda) \equiv y(0) = 0$. Damit ist
Teil a) bewiesen.

Zu b): Die Voraussetzung $\alpha < \alpha' \leq \beta < \beta'$ bedeutet keine Einschränkung der Allgemeinheit. Wegen der Stetigkeitsforderung 2
aus Def. 9 genügt es sogar, den Fall $\alpha < \alpha' < \beta < \beta'$ zu betrachten.
Nach Def. 9, 3 ist für beliebige Werte p, q

$$A\,(v_p - v_\alpha) = \int\limits_\alpha^p \lambda\, d\,(v_\lambda - v_\alpha),\qquad A\,(w_p - w_\beta) = \int\limits_\beta^q \lambda\, d\,(w_\lambda - w_\beta)$$

und also wegen Def. 9,1 und der Symmetrie von A

$$0 = \big(v_p - v_\alpha,\, A\,(w_q - w_\beta)\big) - \big(A\,(v_p - v_\alpha),\, w_q - w_\beta\big)$$

$$= \left(v_p - v_\alpha,\, \int\limits_\beta^q \lambda\, d\,(w_\lambda - w_\beta)\right) - \left(\int\limits_\alpha^p \lambda\, d\,(v_\lambda - v_\alpha),\, w_q - w_\beta\right),$$

$$0 = q\left(v_p - v_\alpha, w_q - w_\beta\right) - \left(v_p - v_\alpha, \int\limits_\beta^q (w_\lambda - w_\beta)\, d\lambda\right)$$

$$- p\left(v_p - v_\alpha, w_q - w_\beta\right) - \left(\int\limits_\alpha^p (v_\lambda - v_\alpha)\, d\lambda, w_q - w_\beta\right).$$

Die Funktion $f(p, q) = (v_p - v_\alpha, w_q - w_\beta)$ ist also eine in $-\infty < p, q < \infty$ stetige Lösung der Funktionalgleichung

$$(q - p)\, f(p, q) - \int\limits_\beta^q f(p, \lambda)\, d\lambda + \int\limits_\alpha^p f(\lambda, q)\, d\lambda = 0.$$

Wir zeigen jetzt, daß jede für alle p, q stetige Lösung dieser Gleichung in $\alpha \le p \le \alpha'$, $\beta \le q \le \beta'$ verschwindet. Zunächst ist $q - p \ge \beta - \alpha' = \delta > 0$. Mit $M = \mathrm{Max}\, |f(p, q)|$ in $\alpha \le p \le \alpha'$, $\beta \le q \le \beta'$ finden wir

$$|f(p, q)| \le \frac{M}{\delta} \cdot (q - \beta + p - \alpha).$$

Damit ist

$$|f(p, q)| = \frac{2^{n-1}}{\delta^n n!}\, M\, (p - \alpha + q - \beta)^n$$

für $n = 1$ bewiesen. Wenn diese Ungleichung für $n = k$ richtig ist, folgt ihre Richtigkeit für $n = k + 1$ und damit für jedes n aus

$$|f(p, q)| \le \frac{1}{\delta}\, \frac{2^{k-1}}{\delta^k k!} \cdot M \left\{ \frac{(p - \alpha + \lambda - \beta)^{k+1}}{k + 1} \Big|_{\lambda=\beta}^{\lambda=q} + \frac{(\lambda - \alpha + q - \beta)^{k+1}}{k + 1} \Big|_{\lambda=\alpha}^{\lambda=p} \right\}.$$

Aus ihr ergibt sich

$$M \le \frac{2^{n-1} M}{\delta^n n!}\, (\alpha' - \alpha + \beta' - \beta)^n$$

und für genügend großes n sofort $M = 0$, $f(p, q) = 0$ für $\alpha \le p \le \alpha'$, $\beta \le q \le \beta'$, womit auch Teil b) bewiesen ist.

Satz 24: Ist A ein selbstadjungierter Operator mit der Spektralschar E_λ (Satz 20), so stellt eine für alle reellen λ definierte Elementschar v_λ dann und nur dann ein Eigenpaket dar, wenn es zu jedem $\alpha > 0$ ein $f \in \mathfrak{M}$ (Satz 21) gibt, so daß gilt

$$v_\lambda = (E_\lambda - E_0)\, f \quad \text{für} \quad -\alpha \le \lambda \le \alpha.$$

Beweis: 1. Es sei v_λ eine Schar, die der Bedingung des Satzes genügt. Dann ist $v_0 = 0$, nach Satz 20, 4 gilt $v_\lambda \in \mathfrak{D}_A$ und nach Satz 21 und dem anschließend Gesagten stellt v_λ eine stetige Elementschar in $\mathfrak{H}$ dar. Damit sind die Eigenschaften 1 und 2 aus

Def. 9 bestätigt. Eigenschaft 3 ist auch erfüllt; denn nach (88) gilt für jedes λ und ein im Sinne der Voraussetzung hinzubestimmtes f

$$Av_\lambda = A(E_\lambda - E_0)f = \int\limits_{-\infty}^{\infty} \mu\, d\,[E_\mu(E_\lambda - E_0)f] = \int\limits_0^\lambda \mu\, d\,[(E_\mu - E_0)f] = \int\limits_0^\lambda \mu\, dv_\mu.$$

2. Es sei v_λ ein Eigenpaket von A, $\alpha > 0$ beliebig vorgegeben und $f = v_\alpha - v_{-\alpha}$. Wegen $v_\lambda \in \mathfrak{N}$ (nach Satz 23, a) ist $f \in \mathfrak{N}$, und nach dem unter 1. Bewiesenen stellt die Schar

$$w_\lambda = (E_\lambda - E_0)(v_\alpha - v_{-\alpha}) \quad \text{für} \quad -\infty < \lambda < \infty$$

ein Eigenpaket von A dar. Wir zeigen $w_\lambda = v_\lambda$ für $-\alpha \leq \lambda \leq \alpha$. Damit wird dann Satz 24 vollständig bewiesen sein. Die letzte Gleichung ist offenbar richtig, wenn für beliebige reelle λ, μ gilt

$$E_\lambda v_\mu = \begin{cases} 0 & \text{für} \quad \lambda \leq \mu \leq 0 \\ v_\mu - v_\lambda & \text{für} \quad \mu \leq \lambda \leq 0 \\ v_\mu & \text{für} \quad \mu \leq 0 \leq \lambda \\ 0 & \text{für} \quad \lambda \leq 0 \leq \mu \\ v_\lambda & \text{für} \quad 0 \leq \lambda \leq \mu \\ v_\mu & \text{für} \quad 0 \leq \mu \leq \lambda. \end{cases} \tag{89}$$

Zum Beweis dieser Formeln setzen wir $w = E_\lambda v_\mu$ und stellen zunächst fest:

$$w = \lim_{\varkappa \to -\infty} (E_\lambda - E_\varkappa) v_\mu \subset \mathfrak{N}$$

wegen Satz 20, 3, Satz 21 und $v_\mu \in \mathfrak{N}$. Ist nun g ein beliebiges Element aus $\mathfrak{N}$, so gilt $(w, g) = (v_\mu, E_\lambda g)$. Im Fall $\lambda \leq \mu \leq 0$ ist nach Satz 20, 3 und wegen $v_0 = 0$

$$(v_\mu, E_\lambda g) = \lim_{\varkappa \to -\infty} \left(v_\mu - v_0, (E_\lambda - E_0) g - (E_\varkappa - E_0) g \right).$$

Dies verschwindet aber nach Satz 22, b), da $(E_\lambda - E_0) g$ nach dem unter 1. Bewiesenen ein Eigenpaket darstellt. Also ist $(w, g) = 0$; $w \in \mathfrak{N}$ und g beliebig aus $\mathfrak{N}$ haben $w = 0$ zur Folge, wie behauptet.

Im Fall $\mu \leq \lambda \leq 0$ erhält man hiernach ähnlich

$$(v_\mu, E_\lambda g) = \left((v_\mu - v_\lambda) + (v_\lambda - v_0), (E_\lambda - E_\mu) g \right) + (v_\mu, E_\mu g)$$

$$= \left(v_\mu - v_\lambda, (E_\lambda - E_\mu) g \right) = \lim_{\beta, \gamma \to \infty} \left(v_\mu - v_\lambda, (E_\gamma - E_{-\beta}) g \right)$$

$$= (v_\mu - v_\lambda, g) \quad \text{(nach Satz 20)}$$

und daher $w = v_\mu - v_\lambda$, wie behauptet.

Im Fall $\mu \leq 0 \leq \lambda$ ist

$$(v_\mu, E_\lambda g) = \lim_{\beta \to \infty} \left(v_\mu - v_0, ((E_\beta - E_\lambda) + E_\lambda) g\right) = (v_\mu, g)$$

und es folgt $w = v_\mu$. In den übrigen Fällen schließt man entsprechend.

Die Menge der Differenzen $v_\lambda - v_\mu$, die mit Eigenpaketen v_λ gebildet werden können, liegt offenbar in $\mathfrak{N}$ dicht, so daß mit Satz 21 zu schließen ist:

Satz 25: Das System der Eigenelemente und Eigenpakete eines selbstadjungierten Operators, insbesondere also von $-\tilde{\Delta}$, ist vollständig.

Mit Hilfe von Satz 25, der in Satz 21 gegebenen Charakterisierung der Eigenfunktionen und mit Hilfe von (89) erkennt man noch leicht:

Ist E_λ die Spektralschar des selbstadjungierten Operators A, so kann $E_{\lambda_0}(-\infty < \lambda_0 < \infty)$ als die Projektion von $\mathfrak{H}$ auf denjenigen Unterraum $\mathfrak{H}_{\lambda_0}$ charakterisiert werden, der von allen Eigenfunktionen mit Eigenwerten $\leq \lambda_0$ und von allen mit Eigenpaketen gebildeten Differenzen $v_{\lambda_2} - v_{\lambda_1}$ mit $\lambda_1, \lambda_2 \leq \lambda_0$ aufgespannt wird.

Falls Γ keine Spitzen hat, besitzt $-\tilde{\Delta}$ wegen Satz 15 nur das identisch verschwindende Eigenpaket.

Die Bedeutung von Satz 25 für unseren Operator $-\Delta$ zeigen Satz 22 und folgendes Gegenstück:

Satz 26: Alle Eigenpakete v_λ von $-\tilde{\Delta}$ liegen bereits in $\mathfrak{D}$; genauer gesagt, sie können durch Funktionen $v(\tau, \lambda)$ aus $\mathfrak{D}$ repräsentiert werden, was mit der Bezeichnung $v(\tau, \lambda)$ stets ausgedrückt sei. $-\tilde{\Delta}$ und $-\Delta$ haben also dieselben Eigenpakete. Die Eigenpakete $v(\tau, \lambda)$ haben sogar τ, λ-stetige Ableitungen nach x, y von beliebig hoher Ordnung.

Beweis: Wir weisen zunächst die τ, λ-Stetigkeit der Eigenpakete von $-\tilde{\Delta}$ nach. Es seien dazu $v_\lambda = v(\tau, \lambda)$ ein Eigenpaket, τ_0, τ_1 beliebige Punkte aus $\mathfrak{E}$ und λ_0, λ_1 beliebige reelle Zahlen. Aus Def. 9,3 folgt wegen $v_\lambda \in \mathfrak{H}_0$ nach S. 54

$$v_\lambda = G \int_0^\lambda \mu \, dv_\mu \quad \text{oder} \quad \overline{v(\tau_1, \lambda)} = \left(G(\tau_1, \tau), \int_0^\lambda \mu \, dv_\mu\right) \tag{90}$$

(vgl. S. 25, Fußnote 3) und damit

$$|v(\tau_1, \lambda_1) - v(\tau_0, \lambda_0)|$$

$$\leq \left|(G(\tau_1, \tau) - G(\tau_0, \tau), \int_0^{\lambda_1} \mu\, dv_\mu)\right| + \left|(G(\tau_0, \tau), \int_{\lambda_0}^{\lambda_1} \mu\, dv_\mu)\right|$$

$$\leq \|G(\tau_1, \tau) - G(\tau_0, \tau)\| \cdot \left\|\int_0^{\lambda_1} \mu\, dv_\mu\right\| + \|G(\tau_0, \tau)\| \cdot \left\|\int_{\lambda_0}^{\lambda_1} \mu\, dv_\mu\right\|.$$

Nun ist aber $-\tilde{\Delta} v_\lambda = \int_0^\lambda \mu\, dv_\mu$ zugleich mit v_λ ein Eigenpaket von $-\tilde{\Delta}$, wie man durch Zurückgehen auf die Zerlegungssummen für dieses Integral zusammen mit der Abgeschlossenheit (S. 53) von $-\tilde{\Delta}$ erkennt. Daher, oder wie man direkt mit Hilfe der Zerlegungssummen sieht, bleibt $\left\|\int_0^{\lambda_1} \mu\, dv_\mu\right\|$ beschränkt und $\left\|\int_{\lambda_0}^{\lambda_1} \mu\, dv_\mu\right\|$ strebt nach 0 für $\lambda_1 \to \lambda_0$. Bedenkt man noch (42), so folgt die behauptete τ, λ-Stetigkeit der Eigenpakete. Sie hat zur Folge, daß jetzt $\int_0^\lambda \mu\, dv(\tau, \mu)$ im Sinne eines Grenzwerts im gewöhnlichen Sinne von STIELTJESschen Zerlegungssummen existiert, oder was dasselbe ist, im Sinne von $\lambda v(\tau, \lambda) - \int_0^\lambda v(\tau, \mu)\, d\mu$, wobei das letzte Integral im RIEMANNschen Sinne zu nehmen ist. $\int_0^\lambda \mu\, dv(\tau, \mu)$, in diesem Sinne verstanden, liefert eine Funktion aus $\mathfrak{H}$, die dort mit dem $\mathfrak{H}$-Integral $\int_0^\lambda \mu\, dv_\mu$ übereinstimmt. Zum Beweise repräsentieren wir das letztere Integral und seine Zerlegungssummen durch Funktionen von τ, etwa $J(\tau)$ und $Z(\tau)$, die alle bis auf Mengen vom ω-Maß 0 eindeutig bestimmt sind. Aus der $\mathfrak{H}$-Konvergenz (Mittelkonvergenz) der $Z(\tau)$ gegen $J(\tau)$ folgt dann aber die ω-Maßkonvergenz auf einem Fundamentalbereich $\mathfrak{F}$ (s. [14], 28.3 s) der $Z(\tau)$ gegen $J(\tau)$. Andererseits konvergieren die zu denselben Intervallteilungen wie bei den $Z(\tau)$ gebildeten Zerlegungssummen $Z'(\tau)$ für das erstere Integral $J'(\tau)$ im gewöhnlichen Sinne gegen $J'(\tau)$, und da $\mathfrak{F}$ ein endliches ω-Maß $\varGamma$ hat, folgt daraus nach [14], 28.10 s, daß die $Z'(\tau)$ gegen $J'(\tau)$ auf $\mathfrak{F}$ ω-maßkonvergent sind. Da aber die zu gleichen Intervallteilungen gebildeten Zerlegungssummen $Z(\tau), Z'(\tau)$ fast überall (bezüglich ω) übereinstimmen, stimmen auch ihre Maßgrenzwerte fast überall überein, und es folgt unsere Behauptung über das Verhältnis der beiden Integrale.

Um nun zu den Aussagen über die Ableitungen von $v(\tau, \lambda)$ zu kommen, wenden wir auf (90) dasselbe Verfahren an, das von (53) zu (59) führte. Der dabei benutzten Gl. (52) entspricht jetzt $\left(\int_0^\lambda \mu\, dv_\mu, 1\right) = 0$. Man erhält in den alten Bezeichnungen

$$v(\vartheta, \lambda) = -\frac{1}{2\pi n} \int_{\mathfrak{U}_0} \ln|\vartheta^n - \vartheta'^n| \int_0^\lambda \mu\, dv(\vartheta', \mu)\, \omega' + \\ + \frac{1}{n} \int_{\mathfrak{U}_0} g(\vartheta^n, \vartheta'^n) \int_0^\lambda \mu\, dv(\vartheta', \mu)\, \omega' + \\ + \sum_{\varrho=1}^{r} \int_{\mathfrak{B}_\varrho} g_\varrho(\vartheta^n, t') \int_0^\lambda \mu\, dv(t', \mu)\, \omega' + C(\lambda) \qquad (91)$$

mit einer stetigen Funktion $C(\lambda)$. ϑ ist wie auf S. 33 einzuschränken. Auf der rechten Seite haben offenbar wieder alle Glieder bis auf das erste ϑ, λ-stetige Ableitungen beliebiger Ordnung nach α, β. Für das erste Glied erhält man nach dem zu (60) führenden Verfahren nach Unterdrückung des Faktors $-\frac{1}{2\pi}$ und mit ω' aus (58)

$$F(\vartheta, \lambda) = \int_{\mathfrak{U}_0} \ln|\vartheta - \vartheta'| \cdot \left\{ \lambda v(\vartheta', \lambda) - \int_0^\lambda v(\vartheta', \mu)\, d\mu \right\} \omega'. \qquad (92)$$

Wir schließen nun mit vollständiger Induktion nach der Ordnung der Ableitungen.

Induktionsannahme: Für $n = 0, \ldots, n_0$ und eine beliebige Zerlegung $n = p + q$ von n in nichtnegative, ganzrationale Zahlen p, q existiert $\frac{\partial^n F(\vartheta, \lambda)}{\partial \alpha^p\, \partial \beta^q}$ als ϑ, λ-stetige Funktion und hat die Gestalt

$$\frac{\partial^n F(\vartheta, \lambda)}{\partial \alpha^p\, \partial \beta^q} = \int_{\mathfrak{U}_0} \ln|\vartheta - \vartheta'| \cdot \left\{ \lambda \frac{\partial^n v(\vartheta', \lambda)}{\partial \alpha'^p\, \partial \beta'^q} - \int_0^\lambda \frac{\partial^n v(\vartheta', \mu)}{\partial \alpha'^p\, \partial \beta'^q}\, d\mu \right\} \omega' + \\ + \int_{\mathfrak{U}_0} \ln|\vartheta - \vartheta'| \cdot \sum_{i=1}^{N(n)} \left\{ \lambda \frac{\partial^{\nu_i} v(\vartheta', \lambda)}{\partial \alpha'^{p_i}\, \partial \beta'^{q_i}} f_i(\vartheta'; p, q) - \\ - \int_0^\lambda \frac{\partial^{\nu_i} v(\vartheta', \mu)}{\partial \alpha'^{p_i}\, \partial \beta'^{q_i}}\, d\mu\, g_i(\vartheta'; p, q) \right\} d\alpha'\, d\beta' + h(\vartheta, \lambda; p, q); \qquad (93)$$

dabei ist $N(n)$ eine gewisse natürliche Zahl, die ν_i durchlaufen mit i gewisse nichtnegative ganze Zahlen $< n$, die nichtnegativen ganzen Zahlen p_i, q_i erfüllen $\nu_i = p_i + q_i$, f_i und g_i sind beliebig oft differenzierbare Funktionen von α, β und h eine gewisse, nebst ihren Ableitungen beliebiger Ordnung (nach α, β) ϑ, λ-stetige Funktion. Die Induktionsannahme ist nach (92) für $n_0 = 0$ richtig. Aus ihrer Gültigkeit für n_0 folgt zusammen mit dem über die letzten Glieder von (91) Gesagten die ϑ, λ-Stetigkeit von

$$\frac{\partial^n v(\vartheta, \lambda)}{\partial \alpha^p \partial \beta^q} \qquad \text{und von} \qquad \int\limits_0^\lambda \frac{\partial^n v(\vartheta, \lambda)}{\partial \alpha^p \partial \beta^q}$$

für beliebige Zerlegungen $n = p + q \leq n_0$. Also sind in (93) mit $n = n_0$ die geschweiften Klammern ϑ', λ-stetig. Nach unserer Voraussetzung über h folgt nun die Existenz einer weiteren Ableitung von $\dfrac{\partial^n F}{\partial \alpha^p \partial \beta^q}$: Es wird z.B. bezüglich α

$$\frac{\partial^{n_0+1} F(\vartheta, \lambda)}{\partial \alpha^{p+1} \partial \beta^q} = \int\limits_{\mathfrak{U}_0} \frac{\alpha - \alpha'}{|\vartheta - \vartheta'|^2} \left\{ \lambda \frac{\partial^{n_0} v(\vartheta', \lambda)}{\partial \alpha'^p \partial \beta'^q} - \int\limits_0^\lambda \frac{\partial^{n_0} v(\vartheta', \mu)}{\partial \alpha'^p \partial \beta'^q} \, d\mu \right\} \omega' +$$

$$+ \int\limits_{\mathfrak{U}_0} \frac{\alpha - \alpha'}{|\vartheta - \vartheta'|^2} \cdot \sum_{i=1}^{N(n_0)} \{\ldots\} \, d\alpha' \, d\beta' + \frac{\partial h(\vartheta, \lambda; p, q)}{\partial \alpha},$$

und die ϑ, λ-Stetigkeit der linken Seite folgt aus der Gestalt der rechten. Nachdem dies festgestellt ist, dürfen wir die rechte Seite durch teilweise Integration umformen und erhalten entsprechend wie auf S. 34 einen Ausdruck, der offenbar genau den Typus (93) mit $n = n_0 + 1$ hat; das auftretende Integral über den Rand von $\mathfrak{U}_0$ ist mit in $h(\vartheta, \lambda; p+1, q)$ hineinzunehmen. Das vollendet den Induktionsschluß und den Beweis von Satz 26.

Jedes Eigenpaket $v(\tau, \lambda)$ von $-\varDelta$ ist übrigens bei festem τ in jedem endlichen λ-Intervall von beschränkter Schwankung. Zum Beweise genügt es wegen (90) und S. 61 oben zu zeigen, daß für ein beliebiges Element $g \in \mathfrak{H}$, ein beliebiges Eigenpaket w_λ und vorgegebenes $\alpha > 0$ die Funktion $f(\lambda) = (g, w_\lambda)$ in $-\alpha \leq \lambda \leq \alpha$ von beschränkter Schwankung ist. Für eine beliebige Unterteilung $-\alpha = \lambda_0 < \lambda_1 < \cdots < \lambda_n = \alpha$ von $[-\alpha, \alpha]$ hat man

$$S_n = \sum_{\nu=1}^n |f(\lambda_\nu) - f(\lambda_{\nu-1})| = \sum_{\nu=1}^n |(g, w_{\lambda_\nu} - \omega_{\lambda_{\nu-1}})| = \sum_{\nu=1}^n |(g_\nu, w_{\lambda_\nu} - w_{\lambda_{\nu-1}})|,$$

wobei g_ν die Komponente von g in bezug auf den von $w_{\lambda_\nu} - w_{\lambda_{\nu-1}}$ aufgespannten Teilraum bezeichnet. Wegen der Orthogonalität dieser Teilräume (Satz 23, b) erhält man nach der SCHWARZschen und der BESSELschen Ungleichung

$$S_n \leq \sum_{\nu=1}^{n} \|g_\nu\| \, \|w_{\lambda_\nu} - w_{\lambda_{\nu-1}}\| \leq \left(\sum_{\nu=1}^{n} \|g_\nu\|^2\right)^{\frac{1}{2}} \cdot \left(\sum_{\nu=1}^{n} \|w_{\lambda_\nu} - w_{\lambda_{\nu-1}}\|^2\right)^{\frac{1}{2}} \leq$$

$$\leq \|g\| \, \|w_\alpha - w_{-\alpha}\|$$

unabhängig von der benutzten Teilung, womit unsere Behauptung bewiesen ist.

§ 10. Das Spektrum des Operators $-\Delta$.

Definition 10: Für einen symmetrischen Operator A mit Definitionsbereich $\mathfrak{D}_A$ erklären wir

a) das Punktspektrum als die Gesamtheit der Eigenwerte von A;

b) das Streckenspektrum als die Gesamtheit der reellen Zahlen λ_0, zu denen es ein Eigenpaket v_λ von A und ein $\varepsilon > 0$ derart gibt, daß $v_\beta - v_\alpha \neq 0$ ist für alle Zahlen α, β mit $\alpha < \lambda_0 < \beta$ und $\beta - \alpha < \varepsilon$, d.h. λ_0 muß Inkonstanzstelle eines Eigenpaketes sein;

c) das kontinuierliche Spektrum als die Vereinigungsmenge von Streckenspektrum, der Häufungspunkte des Punktspektrums und der Eigenwerte von unendlicher Vielfachheit;

d) das Spektrum als die Vereinigung von Punktspektrum und kontinuierlichem Spektrum.

Zu den Aussagen der Sätze 1, 15, 16, 17 über das Punktspektrum werden wir nichts mehr hinzufügen. Wir haben es im folgenden mit dem kontinuierlichen Spektrum von $-\Delta$ und also mit dem Fall, daß Γ Spitzen hat, zu tun. Ziel ist Satz 31. Wir beginnen mit folgendem Hilfssatz:

Satz 27: Wenn zu einem symmetrischen Operator A in $\mathfrak{D}_A$ eine reelle Zahl p existiert, mit der $p(f, f) \leq (f, Af)$ für alle f aus $\mathfrak{D}_A$ ist, dann liegt kein Punkt des Spektrums von A unterhalb p. Wenn ein reelles q existiert mit $(f, Af) \leq q(f, f)$ für alle $f \in \mathfrak{D}_A$, dann liegt kein Punkt des Spektrums von A oberhalb q.

Diesen bekannten Satz beweist man wie folgt: Es genügt, den Fall $p(f, f) \leq (f, Af)$ zu betrachten, da der andere Fall auf diesen durch den Übergang von A zu $-A$ zurückzuführen ist. Ferner genügt es, das Streckenspektrum zu betrachten, da die Aussage des Satzes für das Punktspektrum und damit auch für dessen Häufungspunkte offenbar richtig ist. Wir benötigen für unseren Schluß die für jedes Eigenpaket v_λ von A und jedes Paar reeller Zahlen

a, b mit $a < b$ gültige Ungleichung

$$a\left(v_b - v_a, v_b - v_a\right) \leqq \left(v_b - v_a, \int_a^b \lambda\, dv_\lambda\right) \leqq b\left(v_b - v_a, v_b - v_a\right). \tag{94}$$

Man bestätigt sie leicht, indem man auf die Definition des Integrals über $[a, b]$ als $\mathfrak{H}$-Grenzwert STIELTIESscher Zerlegungssummen zurückgeht und Satz 23, b) benutzt. Wäre nun λ_0 ein Punkt des Streckenspektrums mit $\lambda_0 < p$, so gäbe es ein Eigenpaket v_λ und Zahlen α, β mit $\alpha < \lambda_0 < \beta < p$ und $v_\beta - v_\alpha \neq 0$. Unsere Voraussetzung, Def. 9, 3 und der zweite Teil von (94) ergäben dann den Widerspruch

$$p\,||v_\beta - v_\alpha||^2 \leqq \left(v_\beta - v_\alpha, \int_\alpha^\beta \lambda\, dv_\lambda\right) \leqq \beta\,||v_\beta - v_\alpha||^2$$

zu $\beta < p$. Damit ist Satz 27 bewiesen.

Da $-\varDelta$ definit ist, liegt das Spektrum von $-\varDelta$ ganz auf der nichtnegativen reellen Achse. An Häufungspunkten von Punkteigenwerten gibt es nach Satz 16 höchstens den Punkt $\lambda = \tfrac{1}{4}$. Um das kontinuierliche Spektrum von $-\varDelta$ auf $\mathfrak{D}$ zu lokalisieren, bemerken wir zunächst, daß es das Bild des kontinuierlichen Spektrums von G auf $\mathfrak{H}$ bei der Abbildung $\lambda \to \lambda^{-1}$ ist. Das ergibt sich aus der Tatsache, daß die verschiedenen Spektren von $-\varDelta$ und $-\tilde{\varDelta}$ übereinstimmen (Satz 22 und 26), daß 0 nur einfacher Eigenwert von $-\tilde{\varDelta}$ und G ist (Satz 1 und 10), daß $-\tilde{\varDelta}$ auf $\mathfrak{D} \cap \mathfrak{H}_0$ zu G auf $\mathfrak{H}_0$ invers ist, und wenn man folgendes beachtet: Gehört $\lambda_0 \neq 0$ zum Streckenspektrum eines symmetrischen Operators A, für den A^{-1} existiert, so gehört λ_0^{-1} zum Streckenspektrum von A^{-1} [denn für ein Eigenpaket v_λ von A mit λ_0^{-1} als Inkonstanzstelle (Def. 10, b) stellt diejenige stetige Elementschar w_λ, für die

$$w_{\lambda^{-1}} = A\left(v_\lambda - v_{\frac{3}{2}\lambda_0}\right) = \int_{\frac{3}{2}\lambda_0}^{\lambda} \mu\, dv_\mu \qquad \text{für} \qquad \lambda \in \left[\frac{\lambda_0}{2}, \frac{3}{2}\lambda_0\right]$$

gilt und die sonst in $-\infty < \lambda < \infty$ konstant ist, ein Eigenpaket von A^{-1} mit der Inkonstanzstelle λ_0^{-1} dar]. Wegen der Beschränktheit und Definitheit von G (Satz 7 und S. 38) liegt das Spektrum von G, und insbesondere also das kontinuierliche, ganz in einem Intervall $[0, C]$ mit einem $C > 0$, so daß das kontinuierliche Spektrum von $-\varDelta$ ganz oberhalb der positiven Zahl C^{-1} liegt. Zur genauen Bestimmung des kontinuierlichen Spektrums von G benutzen wir folgenden Satz von WEYL.

Satz 28: Dafür, daß die reelle Zahl λ zum kontinuierlichen Spektrum des selbstadjungierten Operators A in $\mathfrak{D}_A$ gehört, ist notwendig und hinreichend, daß es eine Folge von Elementen f_n aus $\mathfrak{D}_A$ gibt, die die Norm 1 haben, schwach gegen 0 konvergieren und für die $(A-\lambda)\,f_n$ gegen 0 $\mathfrak{H}$-konvergiert.

Bezüglich eines Beweises des Satzes sei auf [11], S. 362 verwiesen.

Zur Erklärung und für das folgende bemerken wir:

1. Eine Folge f_n von Elementen aus $\mathfrak{H}$ heißt schwach konvergent gegen $f \in \mathfrak{H}$, wenn die Limesrelation $(f_n,\,g) \to (f,\,g)$ für alle Elemente $g \in \mathfrak{H}$ gilt.

2. Ist E ein Projektionsoperator in $\mathfrak{H}$ und f_n schwach konvergent gegen f, so ist die Folge $E f_n$ schwach konvergent gegen $E f$; denn für beliebiges $g \in \mathfrak{H}$ gilt

$$(E f_n,\, g) = (f_n,\, E g) \to (f,\, E g) = (E f,\, g).$$

Ein weiterer Satz von WEYL, den wir benötigen, ist

Satz 29: Ist A ein beschränkter, symmetrischer Operator und B ein vollstetiger, symmetrischer Operator, so hat der beschränkte symmetrische Operator $A+B$ dasselbe kontinuierliche Spektrum wie A.

Den Begriff der Vollstetigkeit eines Operators erklärt man wie folgt:

Definition 11: Ein Operator A eines HILBERTschen Raumes $\mathfrak{H}$ mit ganz $\mathfrak{H}$ als Definitionsbereich heißt vollstetig, wenn jede $\mathfrak{H}$-beschränkte Elementfolge $f_1, f_2, \ldots$ eine Teilfolge $f_1^*, f_2^*, \ldots$ enthält, für die $A f_1^*, A f_2^*, \ldots$ $\mathfrak{H}$-konvergiert.

Für einen Beweis von Satz 29 sei auf [11], S. 364 verwiesen. — Ein hinreichendes Kriterium für die Vollstetigkeit eines Integraloperators stellt folgender Satz dar.

Satz 30: Ist $K(x, y)$ eine zweidimensional LEBESGUEsch meßbare reelle, symmetrische Funktion über $a \leq x \leq b$, $a \leq y \leq b$ und existiert $\int\limits_a^b \int\limits_a^b K^2(x, y)\, dx\, dy$, so ist der zu $K(x, y)$ als Kern gebildete Integraloperator K im HILBERT-Raum der über $[a, b]$ quadratisch integrierbaren Funktionen vollstetig. Der Satz bleibt gültig, wenn an die Stelle des Grundintervalls $[a, b]$ ein mehrdimensionaler, meßbarer Bereich tritt und die Integrale in bezug auf ein allgemeines LEBESGUE-STIELTJESsches Maß, z.B. unser ω-Maß, gebildet sind.

Ein Beweis steht z.B. in [11], Kap. IV.

Aus Satz 28, angewandt auf G in $\mathfrak{H}$, und aus dem genannten Zusammenhang zwischen den kontinuierlichen Spektren von $-\varDelta$ und G folgt:

Die reelle Zahl λ gehört dann und nur dann zum kontinuierlichen Spektrum von $-\varDelta$, wenn es eine schwach gegen 0 konvergente Folge $f_1, f_2, \ldots$ von Elementen der Norm 1 gibt, für die $\|\lambda G f_n - f_n\|$ gegen 0 konvergiert.

Es bezeichne $G^*(\tau, \tau')$ (anders als auf S. 45) denjenigen symmetrischen Kern, der in τ, τ' automorph bezüglich Γ ist, in einem Fundamentalbereich $\mathfrak{F}$ für $\tau, \tau' \in \mathfrak{B}_\nu$ [s. (78)] die wie (47) zu verstehende Darstellung $\mathrm{Min}\,(y, y')$ besitzt, während er sonst in $\mathfrak{F}$ gleich 0 ist. Unter Zuhilfenahme der Betrachtungen von S. 45 und S. 46 erweist sich nun, daß für die Differenz $D(\tau, \tau')$ der Funktion $\mathrm{Min}\,(y, y')$ und der rechten Seite von (47) das Integral

$$\int\limits_{\mathfrak{B}_\gamma} \int\limits_{\mathfrak{B}_\gamma} |D(\tau, \tau')|^2\, \omega\, \omega' \qquad \text{mit } \mathfrak{B}_Y \text{ aus (4)}$$

existiert. Daraus folgt, daß

$$\int\limits_{\mathfrak{F}} \int\limits_{\mathfrak{F}} |G(\tau, \tau') - G^*(\tau, \tau')|^2\, \omega\, \omega'$$

existiert. Daher ergeben Satz 29 und 30, wenn G^* den zu $G^*(\tau, \tau')$ gehörigen Integraloperator bezeichnet:

Die Operatoren G^* und G unterscheiden sich nur um einen vollstetigen symmetrischen Operator und haben daher dasselbe kontinuierliche Spektrum. Zusammen mit dem vorhin Festgestellten ergibt das: Die reelle Zahl λ gehört dann und nur dann zum kontinuierlichen Spektrum von $-\varDelta$, wenn das obige Kriterium mit G^* an Stelle von G erfüllt ist.

Nach Definition von $G^*(\tau, \tau')$ ist nun

$$J_n = \|\lambda G^* f_n - f_n\|^2 = \int\limits_{\mathfrak{F}_Y} |f_n|^2\, \omega + \sum_{\nu=1}^{N} \int\limits_{\mathfrak{B}_\nu} |\lambda G^* f_n - f_n|^2\, \omega\,.$$

$J_n \to 0$ bedeutet $\int\limits_{\mathfrak{F}_Y} |f_n|^2\, \omega \to 0$. Wegen $\|f_n\| = 1$ gilt also für (mindestens) eine der Umgebungen $\mathfrak{B}_\nu$, etwa für die Umgebung $\mathfrak{B}$,

$$\int\limits_{\mathfrak{B}} |f_n|^2 \omega > \frac{1}{2N},$$ wenn nur n hinreichend groß ist. Aus der Folge $f_1, f_2, \ldots$ erhält man dann aber durch Fortlassung hinreichend vieler Anfangsglieder, durch Projektion auf den Unterraum der in $\mathfrak{F} - \mathfrak{B}$ verschwindenden Elemente von $\mathfrak{H}$ und anschließende Normierung eine wiederum schwach gegen 0 konvergente Folge (S. 66) von Funktionen $f_1^*, f_2^*, \ldots$, die außerhalb $\mathfrak{B}$ verschwinden, normiert sind und für die gilt

$$\lim_{n \to \infty} \int\limits_{\mathfrak{B}} \left| \lambda \int\limits_{\mathfrak{B}} G^*(\tau, \tau')\, f_n(\tau')\, \omega' - f_n(\tau) \right|^2 \omega$$

$$= \lim_{n \to \infty} \int\limits_{\mathfrak{B}_Y} \left| \lambda \int\limits_{\mathfrak{B}_Y} \mathrm{Min}\,(y, y')\, f_{0n}^*(\tau')\, \omega' - f_{0n}^*(\tau) \right|^2 \omega = 0$$

$[f_{0n}^*(\tau)$ entstehe aus $f_n^*(\tau)$ auf die gewohnte Weise durch Transformation der Spitze von $\mathfrak{B}$ nach $\infty]$. Umgekehrt gilt offenbar $\lim \| \lambda G^* f_n^* - f_n^* \| = 0$ für jede solche Folge f_n^*. Wir bezeichnen noch mit K den zum Kern

$$K(\tau, \tau') = \mathrm{Min}\,(y, y') \quad \text{mit} \quad \tau, \tau' \in \mathfrak{B}_Y$$

gehörigen und, wie aus dem obigen folgt, beschränkten Integraloperator im Hilbert-Raum $\mathfrak{H}^*$ der Funktionen $g(\tau)$, für die $\int\limits_{\mathfrak{B}_Y} |g(\tau)|^2 \omega$ existiert. Nach dem obigen können wir dann feststellen:

Hat die Gruppe Γ Spitzen, so ist das kontinuierliche Spektrum von $-\Delta$ von Γ unabhängig: Eine reelle Zahl λ gehört genau dann zum kontinuierlichen Spektrum von $-\Delta$, wenn es eine schwach gegen 0 konvergente Folge $g_1, g_2, \ldots$ von normierten Funktionen aus $\mathfrak{H}^*$ gibt, für die

$$\lim_{n \to \infty} \| \lambda K g_n - g_n \| = 0$$

ist. Die Menge dieser λ stimmt nach Satz 28 überein mit dem Bild des kontinuierlichen Spektrums von K bei der Abbildung $\lambda \to \lambda^{-1}$; ($\lambda = 0$ ist außer Betracht zu lassen).

Nunmehr können wir zeigen:

Satz 31: Ist Γ eine Grenzkreisgruppe erster Art mit Spitzen, so stimmen Streckenspektrum und kontinuierliches Spektrum von $-\Delta$ mit der Punktmenge $\lambda \geq \frac{1}{4}$ überein.

Beweis: Nach Satz 16 kommt als Häufungspunkt von Punkteigenwerten nur $\lambda = \frac{1}{4}$ in Frage. Daher ist jeder Punkt des kontinuierlichen Spektrums, eventuell abgesehen von $\lambda = \frac{1}{4}$, ein Punkt des Streckenspektrums von $-\Delta$. Für den Beweis von Satz 31 haben wir nach dem obigen zwei Möglichkeiten:

1. Wir zeigen, daß das kontinuierliche Spektrum von K das Intervall $0 \leq \lambda \leq 4$ erfüllt;

2. Wir zeigen, daß das Streckenspektrum von $-\Delta$ im Falle $\Gamma = \mathsf{M}$ die Halbgerade $\lambda \geq \frac{1}{4}$ erfüllt.

Beide Wege erfordern einigen Aufwand an Rechnung. Da wir den Fall $\Gamma = \mathsf{M}$ aber später sowieso ausführlich betrachten werden, wobei Aussage 2 in § 13 mit herauskommen wird, seien hier nur einige Stationen aus der Verfolgung des ersten Weges angeführt: Als beschränkter symmetrischer Operator auf $\mathfrak{H}^*$ (S. 68) ist K selbstadjungiert ([5], Theorem 2.24) und besitzt nach Satz 25 ein vollständiges System von Eigenfunktionen und Eigenpaketen. Der (uninteressante) Eigenwert 0 hat unendliche Vielfachheit. Jede Eigenfunktion $z(\tau)$ von K zu einem Eigenwert $\lambda \neq 0$ und jedes Eigenpaket $v(\tau, \lambda)$ ist eine von x unabhängige Funktion, wie aus

$$\lambda z(\tau) = \int\limits_{0}^{1} \int\limits_{Y}^{\infty} \mathrm{Min}\,(y, y')\, z(\tau')\, \omega',$$

$$v(\tau, \lambda_2) - v(\tau, \lambda_1) = \int\limits_{0}^{1} \int\limits_{Y}^{\infty} \mathrm{Min}\,(y, y') \int\limits_{\lambda_1}^{\lambda_2} \frac{1}{\lambda}\, dv(\tau', \lambda)\, \omega', \quad 0 \notin [\lambda_1, \lambda_2],$$

zu schließen ist. Schreibt man dementsprechend $z(\tau) = z(y)$ und $v(\tau, \lambda) = v(y, \lambda)$ für diese Eigenfunktionen und die Eigenpakete, so erhält man: Notwendig und hinreichend dafür, daß $z(y)$ und $v(y, \lambda)$ im Sinne dieser Schreibweise eine Eigenfunktion bzw. ein Eigenpaket von $K(\tau, \tau')$ auf $\mathfrak{B}_Y$ sind, ist, daß $z(y)$ und $v(y, \lambda)$, aufgefaßt als Funktionen der einen Veränderlichen y, Eigenfunktion zu $\lambda \neq 0$ bzw. Eigenpaket des zum Kern

$$K_1(y, y') = \mathrm{Min}\,(y, y') \quad \text{auf} \quad y, y' \geq Y$$

und Maßelement dy/y^2 gehörigen Integraloperators K_1 sind. $K_1(y, y')$ genügt den Voraussetzungen der Theorie von CARLEMAN [8], und eine Rechnung nach dem Vorbild von [8], S. 149—155 ergibt: K_1 hat keine Punkteigenwerte; das Streckenspektrum von K_1 erstreckt sich von 0 bis 4. Für die „Spektralfunktion" $\theta(y, y' \mid \lambda)$ von $K_1(y, y')$

im Sinne von [8] findet man nämlich

$$\theta(y, y' \mid \lambda) = \begin{cases} 0 \quad \text{für} \quad \lambda \leq \frac{1}{4} \\[2ex] \dfrac{(y\,y')^{\frac{1}{2}}}{2\pi} \displaystyle\int_0^r \left[2r_1 \cos\left(r_1 \ln \frac{y}{Y}\right) + \sin\left(r_1 \ln \frac{y}{Y}\right) \right] \times \\[2ex] \qquad\qquad \times \left[2r_1 \cos\left(r_1 \ln \frac{y'}{Y}\right) + \sin\left(r_1 \ln \frac{y'}{Y}\right) \right] \dfrac{dr_1}{\lambda_1} \\[2ex] \qquad\qquad\qquad\qquad \text{für} \quad \lambda \geq \frac{1}{4}, \end{cases}$$

wobei $r =_+ \sqrt{\lambda - \frac{1}{4}}$, $r_1 =_+ \sqrt{\lambda_1 - \frac{1}{4}}$ ist. Daraus folgt die Behauptung unseres Satzes.

Die Ausführung der zweiten obengenannten Beweismöglichkeit enthält, wie gesagt, § 13.

§ 11. Entwicklungssatz und Vollständigkeitsrelation.

Es sei A ein selbstadjungierter Operator. Aus [5], Theorem 7.4 und 7.2 folgert man die Existenz eines höchstens abzählbaren Systems von untereinander orthogonalen Eigenpaketen $v_{1,\lambda}$, $v_{2,\lambda}$, $v_{3,\lambda}$, ..., die in $\mathfrak{N}$ (Satz 21) (für variables λ) vollständig sind. Falls $\mathfrak{N}$ der Nullraum ist, kommt man schon mit dem identisch verschwindenden Eigenpaket aus. Falls $\mathfrak{N}$ aber von 0 verschiedene Elemente enthält, existiert nach [5], Theorem 7.4 ein Orthogonalsystem von nichtverschwindenden Elementen $g_1, g_2, \ldots$ aus $\mathfrak{N}$, so daß die Räume $\mathfrak{M}(g_1)$, $\mathfrak{M}(g_2)$, ..., die bzw. von den Elementscharen $E_\lambda g_1 E_\lambda g_2, \ldots$ aufgespannt werden ([5], Theorem 7.2), den Raum $\mathfrak{N}$ als direkte Summe besitzen. Da diese Räume aber wegen Satz 20, 3 übereinstimmen mit den Räumen, die von den Eigenpaketen $(E_\lambda - E_0) g_1$, $(E_\lambda - E_0) g_2$, ... (Satz 24) aufgespannt werden, ist die obige Behauptung schon bewiesen.

Wir nennen ein System von Eigenpaketen der genannten Art ein maximales System von Eigenpaketen, weil jedes Eigenpaket von A, das auf jedem Eigenpaket des Systems senkrecht steht, verschwindet.

Wir leiten nun eine $\mathfrak{H}$-konvergente Entwicklung eines beliebigen Elementes $f \in \mathfrak{H}$ nach Eigenelementen und Eigenpaketen von A her. Es sei dazu $z_1, z_2, \ldots$ ein maximales System normierter Eigenelemente (es kann leer sein), die also ein vollständiges Orthogonalsystem für den Raum $\mathfrak{M}$ aus Satz 21 bilden, und $v_{1,\lambda}, v_{2,\lambda}, \ldots$ ein maximales Orthogonalsystem von Eigenpaketen von A.

$$f = f_{\mathfrak{M}} + f_{\mathfrak{N}} \tag{95}$$

sei die Zerlegung von f in seine Komponenten bezüglich $\mathfrak{M}$ und $\mathfrak{N}$. $f_{\mathfrak{M}}$ besitzt die $\mathfrak{H}$-konvergente Entwicklung[6]

$$f_{\mathfrak{M}} = \sum_{n=1}^{\infty} a_n z_n \tag{96}$$

mit $a_n = (f_{\mathfrak{M}}, z_n) = (f, z_n)$. Um $f_{\mathfrak{N}}$ zu entwickeln, seien $\mathfrak{N}_1, \mathfrak{N}_2, \ldots$ die von den Eigenpaketen $v_{1,\lambda}, v_{2,\lambda}, \ldots$ aufgespannten Unterräume, so daß im Sinne einer direkten Summe

$$\mathfrak{N} = \sum_{n=1}^{\infty} \oplus \, \mathfrak{N}_n$$

gilt. Sind $f_1, f_2, \ldots$ die Projektionen von $f_{\mathfrak{N}}$ (und f) auf $\mathfrak{N}_1, \mathfrak{N}_2, \ldots$, so gilt also mit $\mathfrak{H}$-Konvergenz

$$f_{\mathfrak{N}} = \sum_{n=1}^{\infty} f_n. \tag{97}$$

Wir entwickeln nun jedes f_n nach dem zugehörigen Eigenpaket $v_{n,\lambda}$. Zur Vereinfachung der Bezeichnung sei v_λ ein beliebiges Eigenpaket und g ein beliebiges Element aus dem von der Schar v_λ aufgespannten Unterraum $\mathfrak{N}$. Für beliebige λ_1, λ_2 mit $\lambda_1 < \lambda_2$ sei noch $\mathfrak{N}_{\lambda_1 \lambda_2}$ derjenige Unterraum von $\mathfrak{N}$, der von den Elementen $v_{\lambda''} - v_{\lambda'}$ mit λ', λ'' aus dem Intervall $[\lambda_1, \lambda_2]$ aufgespannt wird, und $g_{\lambda_1 \lambda_2}$ die Projektion von g auf $\mathfrak{N}_{\lambda_1 \lambda_2}$. Ist dann $\ldots, \lambda_{-1}, \lambda_0, \lambda_1, \lambda_2, \ldots$ eine beliebige Folge reeller Zahlen mit $\lambda_m < \lambda_n$ für $m < n$, $\lambda_n \to \infty$ für $n \to \infty$ und $\lambda_n \to -\infty$ für $n \to -\infty$, so gilt offenbar

$$\mathfrak{N} = \sum_{n=-\infty}^{\infty} \oplus \, \mathfrak{N}_{\lambda_{n-1} \lambda_n} \tag{98}$$

und daher

$$g = \lim_{\substack{\lambda_1 \to -\infty \\ \lambda_2 \to +\infty}} g_{\lambda_1 \lambda_2}. \tag{99}$$

Für ein beliebiges festes Paar λ_1, λ_2 setzen wir nun

$$g_{\lambda_1 \lambda_2} = h. \tag{100}$$

Es durchlaufe

$$\mathfrak{T}: \quad \lambda_1 = \mu_0 < \mu_1 < \cdots < \mu_n = \lambda_2$$

---

[6] Wir schreiben $\sum_{n=1}^{\infty}$, obgleich die Summe endlich oder leer sein kann.

irgendeine Folge von Teilungen des Intervalls $[\lambda_1, \lambda_2]$ mit nach 0 strebendem Feinheitsgrad. Die Funktionen $a(\lambda)$ und $\varrho(\lambda)$ definieren wir für $\lambda_1 \leq \lambda \leq \lambda_2$ bis auf eine willkürliche additive Konstante durch

$$a(\lambda'') - a(\lambda') = (h, v_{\lambda''} - v_{\lambda'}) = (g, v_{\lambda''} - v_{\lambda'}),$$

$$\varrho(\lambda'') - \varrho(\lambda') = ||v_{\lambda''} - v_{\lambda'}||^2 \quad \text{(vgl. Satz 23,b)},$$

wobei $\lambda_1 \leq \lambda' \leq \lambda'' \leq \lambda_2$ sei. Die Projektion $h_{\mathfrak{T}}$ von h (und g) auf den von den Differenzen $v_{\mu_\nu} - v_{\mu_{\nu-1}}$ $(\nu = 1, \ldots, n)$ aufgespannten Unterraum $\mathfrak{R}_{\mathfrak{T}}$ von $\mathfrak{R}_{\lambda_1\lambda_2}$ ist dann offenbar

$$h_{\mathfrak{T}} = \sum_{\nu=1}^{n} \frac{(a(\mu_\nu) - a(\mu_{\nu-1}))(v_{\mu_\nu} - v_{\mu_{\nu-1}})}{\varrho(\mu_\nu) - \varrho(\mu_{\nu-1})}, \tag{101}$$

wenn Summanden mit verschwindendem Nenner (und also auch Zähler) 0 gesetzt werden. $h_{\mathfrak{T}}$ hat damit den Typus einer Hellingerschen Zerlegungssumme ([15], § 4). Wir zeigen nun, daß unabhängig von der speziellen Wahl der oben beschriebenen Folge von Intervallteilungen

$$\mathfrak{H}\text{-}\lim_{\mathfrak{T}} h_{\mathfrak{T}} = h \tag{102}$$

gilt. Wegen $h \in \mathfrak{R}_{\lambda_1\lambda_2}$ gibt es jedenfalls eine gegen h konvergente Folge von Linearkombinationen $h_1, h_2, \ldots$ aus jeweils endlich vielen der $\mathfrak{R}_{\lambda_1\lambda_2}$ erzeugenden Differenzen $v_{\lambda''} - v_{\lambda'}$ $(\lambda', \lambda'' \in [\lambda_1, \lambda_2])$. Für jedes feste n ändert sich nun die Liniearkombination h_n wegen der Stetigkeit von v_λ um beliebig wenig, wenn man die Teilpunkte μ der zur Bildung von h_n benutzten Differenzen in v_λ nur genügend wenig verrückt, ohne die Koeffizienten zu ändern. Gehen dabei die Teilpunkte insbesondere in die Teilpunkte einer hinreichend späten (d.h. feinen) Teilung $\mathfrak{T} = \mathfrak{T}_0$ über, so wird h von der so abgeänderten Linearkombination h_n höchstens so gut approximiert, wie von der Linearkombination $h_{\mathfrak{T}_0}$ [s. (101)], da ja $h_{\mathfrak{T}_0}$ die Projektion von h auf den Unterraum der abgeänderten und eventuell noch weiterer Differenzen $v_{\lambda''} - v_{\lambda'}$ war. Damit ist (102) bewiesen. Im Hinblick auf (101) schreiben wir dafür

$$h = \int\limits_{\lambda_1}^{\lambda_2} \frac{da(\lambda)\,dv_\lambda}{d\varrho(\lambda)}. \tag{103}$$

Das Integral auf der rechten Seite nennen wir ein Hellingersches $\mathfrak{H}$-Integral. Wegen (100) und (99) haben wir damit

$$g = \int\limits_{-\infty}^{\infty} \frac{da(\lambda)\,dv_\lambda}{d\varrho(\lambda)} \tag{104}$$

im Sinne von

$$g = \mathfrak{H}\text{-}\lim_{\substack{\lambda_1 \to -\infty \\ \lambda_2 \to +\infty}} \int_{\lambda_1}^{\lambda_2} \frac{d\,a(\lambda)\,d v_\lambda}{d\varrho(\lambda))}.$$

Berücksichtigen wir dieses Ergebnis in (97) mit f_n und $v_{n,\lambda}$ an Stelle von g und v_λ und gehen wir weiter auf (96) und (95) zurück, so erhalten wir

Satz 32: Ist A ein selbstadjungierter Operator und $z_1, z_2, \ldots$ ein maximales System normierter, orthogonaler Eigenfunktionen und $v_{1,\lambda}, v_{2,\lambda}, \ldots$ ein maximales System orthogonaler Eigenpakete von A, so besitzt ein beliebiges Element $f \in \mathfrak{H}$ die $\mathfrak{H}$-konvergente Entwicklung

$$f = \sum_{n=1}^{\infty} a_n z_n + \sum_{n=1}^{\infty} \int_{-\infty}^{\infty} \frac{d a_n(\lambda)\,d v_{n,\lambda}}{d \varrho_n(\lambda)}; \qquad (105)$$

dabei ist $a_n = (f, z_n)$, und die $a_n(\lambda)$ und $\varrho_n(\lambda)$ sind bis auf eine willkürliche additive Konstante durch

$$\left.\begin{aligned}
a_n(\lambda'') - a_n(\lambda') &= (f, v_{n,\lambda''} - v_{n,\lambda'}) \\
\varrho_n(\lambda'') - \varrho_n(\lambda') &= \| v_{n,\lambda''} - v_{n,\lambda'} \|^2 \quad \text{für} \quad \lambda' \leq \lambda''
\end{aligned}\right\} \qquad (106)$$

definiert.

Nach einer Bemerkung im Anschluß an Satz 25 oder direkt aus Satz 21 findet man noch

$$E_\mu f = \sum_{\lambda_n \leq \mu} a_n z_n + \sum_{n=1}^{\infty} \int_{-\infty}^{\mu} \frac{d a_n(\lambda)\,d v_{n,\lambda}}{d \varrho_n(\lambda)},$$

wenn E_λ die Spektralschar von A bezeichnet, μ beliebig reell und λ_n der Eigenwert von z_n ist; $\lambda_n \leq \mu$ ist Summationsbedingung für n.

Aus (105) folgt durch Normbildung unter Beachtung der Orthogonalitäten

$$\|f\|^2 = \sum_{n=1}^{\infty} |a_n|^2 + \sum_{n=1}^{\infty} \left\| \int_{-\infty}^{\infty} \frac{d a_n(\lambda)\,d v_{n,\lambda}}{d \varrho_n(\lambda)} \right\|^2$$

Nach der Definition der HELLINGERschen $\mathfrak{H}$-Integrale ist hier

$$\left\| \int_{-\infty}^{\infty} \frac{d a_n(\lambda)\,d v_{n,\lambda}}{d \varrho_n(\lambda)} \right\|^2 = \lim_{\substack{\lambda_1 \to -\infty \\ \lambda_2 \to +\infty}} \left\| \int_{\lambda_1}^{\lambda_2} \frac{d a_n(\lambda)\,d v_{n,\lambda}}{d \varrho_n(\lambda)} \right\|^2$$

und in den alten Bezeichnungen nach (101) und wegen Satz 23, b)

$$\left\| \int\limits_{\lambda_1}^{\lambda_2} \frac{d\,a_n(\lambda)\,d\,v_{n,\lambda}}{d\,\varrho_n(\lambda)} \right\|^2 = \lim_{\mathfrak{T}} \|\,h_{\mathfrak{T}}\,\|^2 = \lim_{\mathfrak{T}} \sum_{\nu=1}^{n} \frac{|\,a(\mu_\nu) - a(\mu_{\nu-1})\,|^2}{\varrho(\mu_\nu) - \varrho(\mu_{\nu-1})}$$

$$= \int\limits_{\lambda_1}^{\lambda_2} \frac{|\,d\,a(\lambda)\,|^2}{d\,\varrho(\lambda)}\,.$$

Dieses ist ein Hellingersches Integral im üblichen Sinne (s. [15], §4). Damit haben wir insgesamt

Satz 33: Für ein beliebiges Element $f \in \mathfrak{H}$ gilt in den Bezeichnungen von Satz 32 die Vollständigkeitsrelation

$$\|\,f\,\|^2 = \sum_{n=1}^{\infty} |\,a_n\,|^2 + \sum_{n=1}^{\infty} \int\limits_{-\infty}^{\infty} \frac{|\,d\,a_n(\lambda)\,|^2}{d\,\varrho_n(\lambda)}$$

oder auch für beliebige $f,\,g \in \mathfrak{H}$ mit zu den a_n, $a_n(\lambda)$ analogen Größen b_n, $b_n(\lambda)$

$$(f,\,g) = \sum_{n=1}^{\infty} a_n\,\overline{b}_n + \sum_{n=1}^{\infty} \int\limits_{-\infty}^{\infty} \frac{d\,a_n(\lambda)\,d\,\overline{b_n(\lambda)}}{d\,\varrho_n(\lambda)}\,.$$

Wir werden sogleich benutzen, daß A von dem Unterraum $\mathfrak{R}$, der von einem Eigenpaket v_λ aufgespannt wird, reduziert wird (Def. 8). Zum Beweise benötigen wir die Darstellung (98) von $\mathfrak{R}$. Nach [5], Theorem 4.26 genügt es zu zeigen, daß jeder der Unterräume $\mathfrak{R}_{\lambda_{n-1}\,\lambda_n}$ den Operator A reduziert. $\mathfrak{R}_{\lambda_{n-1}\,\lambda_n}$ ist wegen (89) gleich dem Unterraum, der von den Elementen $E_\lambda(v_{\lambda_n} - v_{\lambda_{n-1}})$ mit $-\infty < \lambda < \infty$, n fest aufgespannt wird. Dieser reduziert aber A nach [5], Theorem 7.2.

Im Falle $A = -\tilde{\varDelta}$ und $f \in \widetilde{\mathfrak{D}}$ kann nun die Aussage von Satz 32 wesentlich ergänzt werden. $f \in \widetilde{\mathfrak{D}}$ kann wegen der Darstellung (87) durch eine eindeutig bestimmte stetige Funktion $f(\tau)$ repräsentiert werden. Das ist auch für die Glieder der rechten Seiten von (105) möglich. Denn für die Eigenelemente z_n ist das bekannt (Satz 22), und für die Glieder

$$\int\limits_{-\infty}^{\infty} \frac{d\,a_n(\lambda)\,d\,v_{n,\lambda}}{d\,\varrho_n(\lambda)}$$

schließt man so: Wir lassen zunächst den Index n fort und verlegen die untere Integrationsgrenze im Hinblick auf Satz 31 von $-\infty$ nach $\tfrac{1}{4}$. Das Integral

$$\int\limits_{\frac{1}{4}}^{\infty} \frac{d\,a(\lambda)\,d\,v_\lambda}{d\,\varrho(\lambda)}\,,$$

wobei $a(\lambda)$ und $\varrho(\lambda)$ durch $a(\lambda) = (f, v_\lambda)$, $\varrho(\lambda) = ||v_\lambda||^2$ eindeutig zu erklären sind, stellte die Projektion Pf von f auf den Unterraum $\mathfrak{R}$ von S. 71 dar, wobei P den zu $\mathfrak{R}$ gehörigen Projektionsoperator bedeutet. Da nun $\mathfrak{R}$, wie oben gezeigt, den Operator $-\tilde{A}$ reduziert, folgt aus $f \in \tilde{\mathfrak{D}}$ nach Def. 8 $Pf \in \tilde{\mathfrak{D}}$ und daraus unsere Behauptung. Bevor wir zeigen, daß (105) nach Eintragen all dieser stetigen Funktionen nun auch im Sinne gewöhnlicher Konvergenz verstanden werden kann, zeigen wir, daß die HELLINGERschen $\mathfrak{H}$-Integrale in (105) auch als gewöhnliche HELLINGERsche Integrale erklärt werden können und gerade die τ-stetigen Funktionen liefern. Wir schreiben dazu $v_{n,\lambda} = v_n(\tau, \lambda)$, wobei die τ, λ-stetigen Funktionen des Satzes 26 gemeint sind, und betrachten (unter Fortlassung des Index n) die analog (101) gebildeten gewöhnlichen HELLINGERschen Zerlegungssummen

$$\sum_{\nu=1}^{n} \frac{(a(\mu_\nu) - a(\mu_{\nu-1}))\,(v(\tau, \mu_\nu) - v(\tau, \mu_{\nu-1}))}{\varrho(\mu_\nu) - \varrho(\mu_{\nu-1})}. \tag{107}$$

Wir werden zeigen, daß sie im gewöhnlichen Sinn konvergieren, wenn die benutzte Teilung $\mathfrak{T}$ wie früher läuft. Der Grenzwert ist dann das HELLINGERsche Integral (im gewöhnlichen Sinn)

$$\int_{\lambda_1}^{\lambda_2} \frac{d\,a(\lambda)\,dv(\tau, \lambda)}{d\varrho(\lambda)}. \tag{108}$$

Es darf sogleich $\frac{1}{4} \leq \lambda_1 \leq \lambda_2$ vorausgesetzt werden. Da die Zerlegungssummen (107), aufgefaßt als Elemente von $\mathfrak{H}$, mit der rechten Seite von (101) übereinstimmten, die ihrerseits gegen

$$\int_{\lambda_1}^{\lambda_2} \frac{d\,a(\lambda)\,dv_\lambda}{d\varrho(\lambda)} \tag{109}$$

$\mathfrak{H}$-konvergierte, werden wir damit bewiesen haben (vgl. S. 61), daß (108) eine Funktion aus $\mathfrak{H}$ darstellt, die das Element (109) repräsentiert.

Zum Beweis der Konvergenz von (107) genügt es nach [15], § 4 zu zeigen, daß es für jedes $\tau - \tau_0$ aus $\mathfrak{E}$ zwei stetige und monoton wachsende Funktionen $\alpha(\lambda)$ und $\beta(\lambda)$ gibt, so daß für beliebige Zahlen λ', λ'' mit $\lambda_1 \leq \lambda' \leq \lambda'' \leq \lambda_2$ gilt

$$\big|a(\lambda'') - a(\lambda')\big|^2 \leq \big(\alpha(\lambda'') - \alpha(\lambda')\big)\big(\varrho(\lambda'') - \varrho(\lambda')\big), \tag{110}$$

$$\big|v(\tau_0, \lambda'') - v(\tau_0, \lambda')\big|^2 \leq \big(\beta(\lambda'') - \beta(\lambda')\big)\big(\varrho(\lambda'') - \varrho(\lambda')\big). \tag{111}$$

Nun ist aber wegen (89), wenn E_λ die Spektralschar von $-\tilde{\varDelta}$ und f^* die Projektion von f auf $\mathfrak{R}$ (S. 71) bezeichnet,

$$|a(\lambda'') - a(\lambda')|^2 = |(f, v_{\lambda''} - v_{\lambda'})|^2 = |(f^*, (E_{\lambda''} - E_{\lambda'})(v_{\lambda''} - v_{\lambda'}))|^2$$

$$= |((E_{\lambda''} - E_{\lambda'})f^*, v_{\lambda''} - v_{\lambda'})|^2$$

$$\leq \|(E_{\lambda''} - E_{\lambda'})f^*\|^2 \cdot \|v_{\lambda''} - v_{\lambda'}\|^2$$

$$= (\|E_{\lambda''}f^*\|^2 - \|E_{\lambda'}f^*\|^2)(\varrho(\lambda'') - \varrho(\lambda')),$$

so daß $\alpha(\lambda) = \|E_\lambda f^*\|^2$ gesetzt werden kann. $\alpha(\lambda)$ ist wirklich stetig nach Satz 21 wegen $f^* \in \mathfrak{R}$; die Monotonie ist klar. Ähnlich erhält man mit Hilfe von (90), wenn noch $G^*(\tau_0, \tau)$ für jedes feste τ_0 die Projektion von $G(\tau_0, \tau)$ auf $\mathfrak{R}$ bezeichnet,

$$\overline{v(\tau_0, \lambda'')} - \overline{v(\tau_0, \lambda')} = \left(G(\tau_0, \tau), \int\limits_{\lambda'}^{\lambda''} \lambda \, dv_\lambda\right)$$

$$= \left((E_{\lambda''} - E_{\lambda'}) G^*(\tau_0, \tau), \int\limits_{\lambda'}^{\lambda''} \lambda \, dv_\lambda\right);$$

hierzu ist zu beachten, daß $\int\limits_{\lambda'}^{\lambda''} \lambda \, dv_\lambda$ in $\mathfrak{R}$ liegt, was aus der Definition dieses $\mathfrak{H}$-Integrals folgt, und daß

$$(E_{\lambda''} - E_{\lambda'}) \int\limits_{\lambda'}^{\lambda''} \lambda \, dv_\lambda = \int\limits_{\lambda'}^{\lambda''} \lambda \, dv_\lambda$$

ist, was ebenfalls durch Zurückgehen auf die Zerlegungssummen und mit (89) zu schließen ist. Nun erhält man

$$|v(\tau_0, \lambda'') - v(\tau_0, \lambda')|^2 \leq (\|E_{\lambda''} G^*(\tau_0, \tau)\|^2 - \|E_{\lambda'} G^*(\tau_0, \tau)\|^2) \times$$

$$\times \lambda_2^2 (\varrho(\lambda'') - \varrho(\lambda')),$$

so daß $\beta(\lambda) = \lambda_2^2 \|E_\lambda G^*(\tau_0, \tau)\|^2$ gesetzt werden kann. Damit ist die Existenz des Integrals (108) bewiesen. Es ist τ-stetig. Denn es gilt für beliebige τ_0, τ_1 nach der SCHWARZschen Ungleichung

$$\left|\int\limits_{\lambda_1}^{\lambda_2} \frac{da(\lambda)\, d(v(\tau_1, \lambda) - v(\tau_0, \lambda))}{d\varrho(\lambda)}\right|^2 \leq \int\limits_{\lambda_1}^{\lambda_2} \frac{|da(\lambda)|^2}{d\varrho(\lambda)} \cdot \int\limits_{\lambda_1}^{\lambda_2} \frac{|d(v(\tau_1, \lambda) - v(\tau_0, \lambda))|^2}{d\varrho(\lambda)},$$

und hier ist der erste Faktor wegen (110) höchstens gleich $\alpha(\lambda_2) - \alpha(\lambda_1)$, während man für den zweiten mit analoger Begründung die Schranke $\lambda_2^2 \|G(\tau_1, \tau) - G(\tau_0, \tau)\|^2$ herleitet. Wegen (42) folgt nun die Behauptung. Wir wollten zeigen (s. S. 75), daß

$$\int\limits_{\frac{1}{4}}^{\infty} \frac{da(\lambda)\,dv(\tau,\lambda)}{d\varrho(\lambda)} = \lim_{\mu\to\infty} \int\limits_{\frac{1}{4}}^{\infty} \frac{da(\lambda)\,dv(\tau,\lambda)}{d\varrho(\lambda)} \qquad (112)$$

existiert und τ-stetig ist. Es habe dazu $\mathfrak{R}_{\lambda_1\lambda_2}$ wieder die Bedeutung von S. 71 und $P_{\lambda_1\lambda_2}$ sei die Projektion auf $\mathfrak{R}_{\lambda_1\lambda_2}$. Nach S. 72 ist

$$P_{\lambda_1\lambda_2} f = \int\limits_{\lambda_1}^{\lambda_2} \frac{da(\lambda)\,dv\,(\tau,\lambda)}{d\varrho(\lambda)}.$$

Da $\mathfrak{R}_{\lambda_1\lambda_2}$ den Operator $-\tilde{\Delta}$ reduzierte (S. 74), ist mit g aus (87) und $b(\lambda) = (g, v_\lambda)$

$$-\tilde{\Delta} \int\limits_{\lambda_1}^{\lambda_2} \frac{da(\lambda)\,dv(\tau,\lambda)}{d\varrho(\lambda)} = -\tilde{\Delta}\,P_{\lambda_1\lambda_2} f = P_{\lambda_1\lambda_2}(-\tilde{\Delta})f = P_{\lambda_1\lambda_2} g$$

$$= \int\limits_{\lambda_1}^{\lambda_2} \frac{db(\lambda)\,dv(\tau,\lambda)}{d\varrho(\lambda)}.$$

Übt man hierauf G aus, so bekommt man

$$\int\limits_{\lambda_1}^{\lambda_2} \frac{da(\lambda)\,dv(\tau,\lambda)}{d\varrho(\lambda)} = G \int\limits_{\lambda_1}^{\lambda_2} \frac{db(\lambda)\,dv\,(\tau,\lambda)}{d\varrho(\lambda)}, \qquad (113)$$

und für beliebiges τ_0

$$\left| \int\limits_{\lambda_1}^{\lambda_2} \frac{da(\lambda)\,dv(\tau_0,\lambda)}{d\varrho(\lambda)} \right| = \|G(\tau_0,\tau)\| \cdot \left\| \int\limits_{\lambda_1}^{\lambda_2} \frac{db(\lambda)\,dv(\tau,\lambda)}{d\varrho(\lambda)} \right\|$$

$$\leq \|G(\tau_0,\tau)\| \cdot \|(E_{\lambda_2} - E_{\lambda_1})\,g\|.$$

Dies strebt aber nach 0 für $\lambda_1,\ \lambda_2 \to \infty$ wegen Satz 20, 3, und zwar gleichmäßig in τ_0, wenn τ_0 in einem kompakten Bereich $\mathfrak{B}$ aus $\mathfrak{E}$ variiert. Daraus folgt nun unsere Behauptung über die Existenz und τ-Stetigkeit der rechten Seite von (112).

Nunmehr können wir die in Aussicht gestellte Ergänzung von Satz 32 beweisen.

Satz 34: Jede Funktion $f(\tau)$ aus dem Definitionsbereich $\widetilde{\mathfrak{D}}$ von $-\tilde{\Delta}$ besitzt in den Bezeichnungen von Satz 32 folgende Entwicklung nach Eigenfunktionen und Eigenpaketen

$$f(\tau) = \sum_{n=1}^{\infty} a_n z_n(\tau) + \sum_{n=1}^{\infty} \int\limits_{\frac{1}{4}}^{\infty} \frac{da_n(\lambda)\,dv_n(\tau,\lambda)}{d\varrho_n(\lambda)}; \qquad (114)$$

die Reihen und Integrale konvergieren absolut und gleichmäßig in folgendem Sinne: Bezeichnet $\mathfrak{B}$ einen kompakten Bereich in $\mathfrak{E}$ und ε eine beliebig kleine positive Zahl, so gibt es eine natürliche Zahl $N = N(\mathfrak{B}, \varepsilon)$, so daß die beiden Ausdrücke

$$\text{a)} \quad \sum_{n=N}^{\infty} | a_n z_n(\tau)| + \sum_{n=N}^{\infty} \int_{\frac{1}{4}}^{\infty} \frac{|da_n(\lambda)|\,|dv_n(\tau,\lambda)|}{d\varrho_n(\lambda)} \, ,$$

$$\text{b)} \quad \sum_{n=N}^{\infty} | a_n z_n(\tau)| + \sum_{n=1}^{\infty} \int_{N}^{\infty} \frac{|da_n(\lambda)|\,|dv_n(\tau,\lambda)|}{d\varrho_n(\lambda)}$$

ür $\tau \in \mathfrak{B}$ kleiner als ε ausfallen.

$\int_{\lambda_1}^{\lambda_2} \frac{|da(\lambda)|\,|dv(\tau,\lambda)|}{d\varrho(\lambda)}$ bezeichnet das HELLINGERsche Integral, das

man als Grenzwert der Summe der Beträge der Glieder aus (107) erhält.

Sind $z_{n_1}(\tau), z_{n_2}(\tau), \ldots$ die Spitzenfunktionen unter den Funktionen $z_1(\tau), z_2(\tau), \ldots$, so konvergiert der von ihnen gelieferte Beitrag $\sum_{\nu} a_{n_\nu} z_{n_\nu}(\tau)$ zu (114) gleichmäßig in der ganzen oberen Halbebene $\mathfrak{E}$.

Beweis: Wir zeigen zunächst, daß (114) im Sinne von gewöhnlicher Konvergenz gilt. Nehmen wir an, daß etwa z_1 die normierte konstante Eigenfunktion ist, so ist offenbar $a_1 z_1$ gleich dem c aus (87). Setzen wir noch $b_n = (g, z_n)$ für $n = 1, 2, \ldots$, so gilt mit dem Eigenwert λ_n von z_n

$$b_n = \lambda_n(g, G z_n) = \lambda_n(G g, z_n) = \lambda_n a_n, \tag{115}$$

und mit Rücksicht auf (113) für beliebiges τ_0

$$\left| f(\tau_0) - \sum_{n=1}^{N} a_n z_n(\tau_0) - \sum_{n=1}^{N} \int_{\frac{1}{4}}^{\infty} \frac{da_n(\lambda)\,dv_n(\tau_0,\lambda)}{d\varrho_n(\lambda)} \right|$$

$$= \left| \int_{\mathfrak{F}} G(\tau_0,\tau) \left(g(\tau) - \sum_{n=1}^{N} b_n z_n(\tau) - \sum_{n=1}^{N} \int_{\frac{1}{4}}^{\infty} \frac{db_n(\lambda)\,dv_n(\tau,\lambda)}{d\varrho_n(\lambda)} \right) \omega \right|$$

$$\leq \| G(\tau_0,\tau) \| \cdot \left\| g - \sum_{n=1}^{N} b_n z_n - \sum_{n=1}^{N} \int_{\frac{1}{4}}^{\infty} \frac{db_n(\lambda)\,dv_{n,\lambda}}{d\varrho_n(\lambda)} \right\| .$$

Dies strebt aber nach 0 für $N \to \infty$ wegen der $\mathfrak{H}$-Konvergenz der rechten Seite von (105). Damit ist (114) bewiesen. Nun zur

Aussage über den Ausdruck a). Wegen (115) und wegen

$$b(\lambda) = (g, v_\lambda) = \left(g, G \int_0^\lambda \mu \, dv_\mu\right) = \left(f, \int_0^\lambda \mu \, d\,v_\mu\right) = \int_0^\lambda \mu \, da(\mu)$$

findet man leicht, daß der Ausdruck a) für $N > 1$ gleich

$$\sum_{n=N}^\infty \left|\frac{b_n}{\lambda_n} z_n(\tau)\right| + \sum_{n=N}^\infty \int_{\frac{1}{4}}^\infty \frac{|db_n(\lambda)|\,|dv_n(\tau,\lambda)|}{\lambda \, d\varrho_n(\lambda)}$$

ist. Nach der SCHWARZschen Ungleichung ist er höchstens gleich

$$\left(\sum_{n=N}^\infty |b_n|^2\right)^{\frac{1}{2}} \left(\sum_{n=N}^\infty \left|\frac{z_n(\tau)}{\lambda_n}\right|^2\right)^{\frac{1}{2}} + \sum_{n=N}^\infty \left(\int_{\frac{1}{4}}^\infty \frac{|db_n(\lambda)|^2}{d\varrho_n(\lambda)}\right)^{\frac{1}{2}} \cdot \left(\int_{\frac{1}{4}}^\infty \frac{|dv_n(\tau,\lambda)|^2}{\lambda^2 \, d\varrho_n(\lambda)}\right)^{\frac{1}{2}}.$$

Nach der Vollständigkeitsrelation, angewandt auf die quadratisch integrierbare Funktion $G(\tau',\tau)$ von τ (τ' sei fest), ist nun

$$\|G(\tau',\tau)\|^2 = \sum_{n=2}^\infty \frac{|z_n(\tau')|^2}{\lambda_n^2} + \sum_{n=1}^\infty \int_{\frac{1}{4}}^\infty \frac{|dv_n(\tau',\lambda)|^2}{\lambda^2 \, d\varrho_n(\lambda)}, \qquad (116)$$

wozu man nur $Gz_1 = 0$ und die aus (90) folgende Gleichung

$$\left.\begin{aligned} Gv(\tau,\lambda) &= G \int_0^\lambda \frac{1}{\mu} d \int_0^\mu \alpha \, dv(\tau,\alpha) = \int_0^\lambda \frac{1}{\mu} dG \int_0^\mu \alpha \, dv(\tau,\alpha) \\ &= \int_0^\lambda \frac{1}{\mu} dv(\tau,\mu) \end{aligned}\right\} \quad (117)$$

zu beachten braucht. $\mu = 0$ ist keine gefährliche Stelle, da $v(\tau,\mu)$ nach Satz 31 erst oberhalb $\frac{1}{4}$ von 0 verschieden sein kann. Beachtet man nun, daß $\|G(\tau',\tau)\|$ in $\tau' \in \mathfrak{B}$ eine Schranke M besitzt, so können wir unsere Abschätzung des Ausdrucks a) mit

$$\left[\left(\sum_{n=N}^\infty |b_n|^2\right)^{\frac{1}{2}} + \left(\sum_{n=N}^\infty \int_{\frac{1}{4}}^\infty \frac{|db_n(\lambda)|^2}{d\varrho_n(\lambda)}\right)^{\frac{1}{2}}\right] \cdot M$$

fortsetzen. In Anbetracht der Vollständigkeitsrelation für g ist hiermit unsere Behauptung bezüglich a) bewiesen. Den Ausdruck b) kann man ähnlich direkt behandeln oder aber wie folgt auf den Fall a) zurückführen: Spaltet man jedes Eigenpaket $v_{n,\lambda}$ gemäß

$$v_{n,\lambda}^{(m)} = \begin{cases} 0 & \text{für} \quad \lambda \leq 0 \\ v_{n,\lambda} - v_{n,m-1} & \text{für} \quad m-1 \leq \lambda \leq m \\ v_{n,m} - v_{n,m-1} & \text{für} \quad \lambda \geq m \end{cases}$$

mit $m = 1, 2, 3, \ldots$ auf, so bilden die $v_{n,\lambda}^{(m)}$ für m, $n = 1, 2, 3, \ldots$ offenbar wieder ein maximales System von orthogonalen Eigenpaketen. Denkt man sich nun die $v_{n,\lambda}^{(m)}$ in eine einfach-unendliche Folge geordnet und mit dieser den Entwicklungssatz neu hingeschrieben, und beachtet man

$$\int\limits_{\frac{1}{4}}^{\infty} \frac{d\,a_n^{(m)}(\lambda)\,d\,v_n^{(m)}(\tau,\lambda)}{d\,\varrho_n^{(m)}(\lambda)} = \int\limits_{m-1}^{m} \frac{d\,a_n(\lambda)\,d\,v_n(\tau,\lambda)}{d\,\varrho_n(\lambda)},$$

so entspricht der zweiten Summe aus b) bei wachsendem N in der zweiten Summe der so umgeschriebenen Gl. (114) eine spät und später beginnende Teilsumme, und die Reduktion auf den Fall a) ist erreicht.

Nun zum Beweis der Behauptung über den Beitrag der Spitzenfunktionen. Mit Hilfe der bei (115) angestellten Überlegung und mit Hilfe des auf S. 45 betrachteten Ersatzkernes $G^*(\tau, \tau')$ erhält man für einen beliebigen Abschnitt des fraglichen Beitrages

$$\sum_{n=p}^{q} a_{n_\nu} z_{n_\nu}(\tau) = \int\limits_{\mathfrak{F}} G(\tau, \tau') \sum_{\nu=p}^{q} b_{n_\nu} z_{n_\nu}(\tau')\, \omega'$$

$$= \int\limits_{\mathfrak{F}} G^*(\tau, \tau') \sum_{\nu=p}^{q} b_{n_\nu} z_{n_\nu}(\tau')\, \omega'$$

und nach der SCHWARZschen Ungleichung

$$\left| \sum_{\nu=p}^{q} a_{n_\nu} z_{n_\nu}(\tau) \right|^2 \leq \int\limits_{\mathfrak{F}} G^{*2}(\tau, \tau')\, \omega' \cdot \sum_{\nu=p}^{q} \left| b_{n_\nu} \right|^2.$$

Auf der rechten Seite ist das Integral gemäß (78) eine in ganz $\mathfrak{E}$ beschränkte Funktion von τ. Wegen der Konvergenz von $\sum |b_{n_\nu}|^2$ strebt daher die rechte Seite für $p, q \to \infty$ nach 0 gleichmäßig in τ, wie behauptet.

§ 12. Ein Orthogonalsystem von Eigenpaketen im Falle $\Gamma = \mathsf{M}(Q)$ (Haupteigenpakete).

Falls Γ die Modulgruppe $\mathsf{M} = \mathsf{M}(1)$ oder eine Hauptkongruenzgruppe $\mathsf{M}(Q)$ mit $Q > 1$ ist, können Eigenpakete explizit angegeben werden. Wir gehen aus von den primitiven EISENSTEIN-Reihen $E^*(\tau, s; (a_{1\nu}, a_{2\nu}), Q)$ in den Bezeichnungen von S. 15. Hat τ_μ für $\mu = 1, 2, \ldots, N$ die Bedeutung von S. 15 und ist A_μ eine zugehörige

Matrix, so hat man eine FOURIER-Entwicklung vom Typ

$$\left.\begin{aligned}
E^*\left(A_\mu^{-1}\tau, s; (a_{1\nu}, a_{2\nu}), Q\right) &= \sum_{n=-\infty}^{\infty} a_{n\varkappa}^{(\mu)}(y, s)\, e^{2\pi i n x} \\
&= b_{0\nu}^{(\mu)}(s)\, y^{1-\frac{s}{2}} + c_{0\nu}^{(\mu)}(s)\, y^{\frac{s}{2}} + \sum_{n\neq 0} b_{n\nu}^{(\mu)}(s)\, y^{\frac{1}{2}} K_{ir}(2\pi\,|n|\,y)\, e^{2\pi i n x}.
\end{aligned}\right\} \quad (118)$$

Wegen $\mathsf{M}(Q) \subset \mathsf{M}$ können wir $A_\mu = \begin{pmatrix} Q^{-\frac{1}{2}} & 0 \\ 0 & Q^{\frac{1}{2}} \end{pmatrix} S_\mu$ mit $S_\mu \in \mathsf{M}$ annehmen. Dann ergeben (21) und [2], (112), (122), (124), (127), daß die Funktionen $b_{n\nu}^{(\mu)}(s)$, $c_{0\nu}^{(\mu)}(s)$ für $s = 1 + 2ir$, r reell, $\mu, \nu = 1, \ldots, N$ und $n = 1, 2, \ldots$ analytisch von r abhängen und daß die Summe $\sum\limits_{n\neq 0}$ aus (118) in Im $\tau \geq y_0$, $0 \leq r \leq R$ (y_0, R beliebige feste, positive Zahlen) gleichmäßig konvergiert, τ, λ-stetig ist und gleichmäßig von der Größenordnung $O(e^{-2\pi y})$ für $y \to \infty$ ist. Die Funktionen

$$V_{\nu,\lambda} = V_\nu(\tau, \lambda) = \left\{\begin{array}{ll} 0 & \text{für} \quad \lambda \leq \frac{1}{4} \\[2mm] \int\limits_{\frac{1}{4}}^{\lambda} E^*\left(\tau, s; (a_{1\nu}, a_{2\nu}), Q\right) d\lambda & \text{für} \quad \lambda \geq \frac{1}{4} \end{array}\right\} \quad (119)$$

mit $\nu = 1, \ldots, N$ sind also ebenfalls für alle $\tau \in \mathfrak{E}$ und $-\infty < \lambda < \infty$ definiert und τ, λ-stetig. λ, r, s sollen dabei wie früher für $\lambda \geq \frac{1}{4}$ durch $r = \sqrt{\lambda - \frac{1}{4}}$, $s = 1 + 2ir$ zusammenhängen. Die Gleichbezeichnung der Integrationsveränderlichen λ mit der oberen Integrationsgrenze wird zu keinen Mißverständnissen führen. Die Funktionen $V_\nu(\tau, \lambda)$ sind offenbar automorphe Funktionen bezüglich $\mathsf{M}(Q)$ und sie ändern sich nicht, wenn man von $(a_{1\nu}, a_{2\nu})$ zu einem anderen Paar $(a_{1\nu}^*, a_{2\nu}^*)$ übergeht, für das $\tau_\nu^* = -a_{2\nu}^*/a_{1\nu}^*$ zu $\tau_\nu = -a_{2\nu}/a_{1\nu}$ nach $\mathsf{M}(Q)$ äquivalent ist.

Wir zeigen jetzt, daß die Funktionen $V_\nu(\tau, \lambda)$ Eigenpakete von $-\Delta$ darstellen. $V_\nu(\tau, 0) = 0$ ist erfüllt. Ferner ist $V_\nu(\tau, \lambda) \in \mathfrak{H}$. Für $\lambda \leq \frac{1}{4}$ ist das klar. Für $\lambda \geq \frac{1}{4}$ sei $\mathfrak{F}$ ein Fundamentalbereich von $\mathsf{M}(Q)$ mit den Spitzen $\tau_1, \ldots, \tau_N$, $\mathfrak{F} = \sum\limits_{\mu=1}^{N} \mathfrak{F}_\mu$ eine Zerlegung von $\mathfrak{F}$ von der zu Beginn von § 3 ausgeführten Art, und die Bereiche $\mathfrak{B}_\mu (\mu = 1, \ldots, N)$ seien wie dort definiert. Dann haben wir die Existenz von

$$\int\limits_{\mathfrak{F}} |V_\nu(\tau, \lambda)|^2\, \omega = \sum_{\mu=1}^{N} \int\limits_{\mathfrak{B}_\mu} \left|\int\limits_{\frac{1}{4}}^{\lambda} E^*\left(A_\mu^{-1}\tau, s; (a_{1\nu}, a_{2\nu}), Q\right) d\lambda\right|^2 \omega$$

zu zeigen. Nach dem, was oben über die Summe $\sum\limits_{n\neq0}$ aus (118) gesagt wurde, existiert jedenfalls

$$\int\limits_{\mathfrak{B}_\mu}\left|\int\limits_{\frac{1}{4}}^{\lambda}\left(\sum_{n\neq0}\cdots\right)d\lambda\right|^2\omega,$$

und

$$\int\limits_{\mathfrak{B}_\mu}\left|\int\limits_{\lambda_1}^{\lambda_2}\left(\sum_{n\neq0}\cdots\right)d\lambda\right|^2\omega$$

strebt nach 0 für $\lambda_1,\lambda_2\geq\frac{1}{4}$, $\lambda_2\to\lambda_1$.

$$\int\limits_{\mathfrak{B}_\mu}\left|\int\limits_{\frac{1}{4}}^{\lambda}\left(b_{0\nu}^{(\mu)}(s)\,y^{1-\frac{s}{2}}+c_{0\nu}^{(\mu)}(s)\,y^{\frac{s}{2}}\right)d\lambda\right|^2\omega$$

existiert wegen folgender Umformung des inneren Integrals:

$$\int\limits_{0}^{r}\left(b_{0\nu}^{(\mu)}(1+2ir)\,y^{\frac{1}{2}-ir}+c_{0\nu}^{(\mu)}(1+2ir)\,y^{\frac{1}{2}+ir}\right)2r\,dr$$

$$=\left(b_{0\nu}^{(\mu)}(1+2ir)\,\frac{y^{\frac{1}{2}-ir}}{\ln y}+c_{0\nu}^{(\mu)}(1+2ir)\,\frac{y^{\frac{1}{2}+ir}}{\ln y}\right)2r$$

$$-\frac{2}{\ln y}\int\limits_{0}^{r}\left\{y^{\frac{1}{2}-ir}\,\frac{d}{dr}\left[r\,b_{0\nu}^{(\mu)}(1+2ir)\right]+y^{\frac{1}{2}+ir}\,\frac{d}{dr}\left[r\,c_{0\nu}^{(\mu)}(1+2ir)\right]\right\}dr$$

$$=O\!\left(\frac{y^{\frac{1}{2}}}{\ln y}\right)$$

für $y\to\infty$ gleichmäßig in jedem endlichen r-Intervall. Man erkennt zugleich, daß für $\lambda_1,\lambda_2\geq\frac{1}{4}$ wieder

$$\lim_{\lambda_2\to\lambda_1}\int\limits_{\mathfrak{B}_\mu}\left|\int\limits_{\lambda_1}^{\lambda_2}\left(b_{0\nu}^{(\mu)}\,y^{1-\frac{s}{2}}+c_{0\nu}^{(\mu)}\,y^{\frac{s}{2}}\right)d\lambda\right|^2\omega=0$$

ist. Diese Ergebnisse, für $\nu=1,\ldots,N$ zusammengenommen, zeigen, daß die Funktionen $V_\nu(\tau,\lambda)$ in Abhängigkeit von λ eine $\mathfrak{H}$-stetige Schar bilden. Da in (119) offenbar $-\varDelta$ unter dem Integralzeichen angewandt werden kann, gilt ferner

$$-\varDelta V_\nu(\tau,\lambda)=\begin{cases}0 & \text{für}\quad\lambda\leq\frac{1}{4}\\[2mm]\int\limits_{\frac{1}{4}}^{\lambda}\lambda E^*\big(\tau,s;(a_{1\nu},a_{2\nu}),Q\big)d\lambda & \text{für}\quad\lambda\geq\frac{1}{4}\end{cases}$$

$$=\int\limits_{0}^{\lambda}\lambda\,dV_\nu(\tau,\lambda)\qquad\qquad\text{für alle }\lambda$$

und aus dem mittleren Teil dieser Gleichung ist wie vorhin $-\varDelta V_\nu(\tau,\lambda)\in\mathfrak{H}$ zu schließen.

— 240 —

Damit sind insgesamt die drei charakteristischen Eigenschaften eines Eigenpakets für die $V_\nu(\tau, \lambda)$ nachgewiesen. Die $V_\nu(\tau, \lambda)$ sollen wegen ihrer Rolle in den folgenden Untersuchungen „Haupteigenpakete" heißen. Im Falle $\Gamma = \mathsf{M}(Q)$ garantieren nach (119) bereits die Haupteigenpakete, daß die Halbgerade $\lambda \geq \frac{1}{4}$ ganz zum Streckenspektrum von $-\varDelta$ gehört. Daß das Streckenspektrum auch keine weiteren Punkte enthält, wird § 13 zeigen. Damit wird dann der zweite Beweis von Satz 31 ausgeführt sein.

Wir kommen zur Bestimmung der Größen

$$\varrho_\nu(\lambda) - \varrho_\nu(\lambda') = \varrho_\nu(\lambda)\Big|_{\lambda'}^{\lambda} = \|V_{\nu,\lambda} - V_{\nu,\lambda'}\|^2 \quad (\nu = 1, \ldots, N; \lambda' \leq \lambda), \quad (120)$$

die den $V_{\nu,\lambda}$ im Sinne von Satz 33 zugeordnet sind, und, falls $N > 1$ (d.h. $Q > 1$), zur Herleitung der Orthogonalitätseigenschaften. Wir berechnen also

$$\varrho_{\mu\nu}(\lambda)\Big|_{\lambda'}^{\lambda} = \Big(V_{\mu,\lambda}\Big|_{\lambda'}^{\lambda}, V_{\nu,\lambda}\Big|_{\lambda'}^{\lambda}\Big) \quad \text{für} \quad \mu, \nu = 1, \ldots, N \quad \text{und} \quad \lambda' \leq \lambda, \quad (121)$$

wobei die linke Seite wegen Satz 23 wirklich eine additive Funktion des Intervalls $[\lambda', \lambda]$ ist. Da nach (119) $\varrho_{\mu\nu}(\lambda)\Big|_{\lambda'}^{\lambda} = 0$ ist für $\lambda', \lambda \leq \frac{1}{4}$ und da $\varrho_{\mu\nu}(\lambda)\Big|_{\lambda'}^{\lambda}$ eine stetige Funktion von λ, λ' ist, genügt es, den Fall $\frac{1}{4} < \lambda' < \lambda$ zu betrachten. Wir wollen die in der Bestimmung von $\varrho_{\mu\nu}(\lambda)$ willkürliche additive Konstante durch die Festsetzung $\varrho_{\mu\nu}(0) = 0$ festlegen. Die Beibehaltung der Differenzbildung mit λ' als zweitem Argument ist vorteilhaft. Wir gehen von einem Fundamentalbereich $\mathfrak{F}$ der auf S. 9 beschriebenen Art aus und zerlegen $\mathfrak{F}$ wie in (5) in Bereiche $A_\varkappa^{-1}\mathfrak{B}_Y$ ($\varkappa = 1, \ldots, N$), die an die Spitzen $\tau_1, \ldots, \tau_N$ von $\mathfrak{F}$ anstoßen, und einen Restbereich $\mathfrak{F}_Y$. Dann ist der Beitrag von $\mathfrak{F}_Y$ zu dem als Integral über $\mathfrak{F}$ geschriebenen Skalarprodukt (121) unter dem Integralzeichen nach λ differenzierbar, und wegen (119) folgt, wenn zur Abkürzung

$$E_\nu^*(\tau, s) = E^*(\tau, s; (a_{1\nu}, a_{2\nu}), Q) \quad (122)$$

gesetzt wird,

$$\varrho_{\mu\nu}'(\lambda) = \int\limits_{\mathfrak{F}_Y} \Big[V_\mu(\tau, \lambda)\Big|_{\lambda'}^{\lambda} \cdot \overline{E^*(\tau, s)} + E_\mu^*(\tau, s) \cdot \overline{V_\nu(\tau, \lambda)}\Big|_{\lambda'}^{\lambda} \Big]\, \omega +$$
$$+ \frac{d}{d\lambda} \sum_{\varkappa=1}^{N} \int\limits_{A_\varkappa^{-1}\mathfrak{B}_Y} V_\mu(\tau, \lambda)\Big|_{\lambda'}^{\lambda} \cdot \overline{V_\nu(\tau, \lambda)}\Big|_{\lambda'}^{\lambda}\, \omega .$$

Hier haben wir die Differenzierbarkeit von $\varrho_{\mu\nu}$ vorweggenommen. Die Berechtigung dafür werden erst die nachfolgenden Aufspaltungen und Umformungen der rechten Seite erbringen. Wegen der Unabhängigkeit der linken Seite von λ' folgt für $\lambda' = \lambda$, wenn noch zur Abkürzung

$$I(\lambda, \lambda') = \sum_{\varkappa=1}^{N} \int_{A_{\varkappa}^{-1}\mathfrak{B}_Y} V_{\mu}(\tau, \lambda)\Big|_{\lambda'}^{\lambda} \cdot \overline{V_{\nu}(\tau, \lambda)}\Big|_{\lambda'}^{\lambda}\, \omega \tag{123}$$

gesetzt wird,

$$\varrho'_{\mu\nu}(\lambda) = \left(\frac{d}{d\lambda} I(\lambda, \lambda')\right)_{\lambda'=\lambda}. \tag{124}$$

Aus (123) folgt

$$I(\lambda, \lambda') = \lim_{q\to\infty} \sum_{\varkappa=1}^{N} \int_Y \int_0^1 \int_{\lambda'}^{\lambda} E_{\mu}^{*}(A_{\varkappa}^{-1}\tau, s_1)\, d\lambda_1 \cdot \int_{\lambda'}^{\lambda} \overline{E_{\nu}^{*}(A_{\varkappa}^{-1}\tau, s_2)}\, d\lambda_2 \frac{dx\, dy}{y^2}.$$

Vertauscht man hier die Integrationsreihenfolge, so erhält man nach (118) und mit Hilfe der Vollständigkeitsrelation bezüglich x

$$I(\lambda, \lambda') = I_0(\lambda, \lambda') + I_1(\lambda, \lambda') \tag{125}$$

mit

$$I_0(\lambda, \lambda') = \lim_{q\to\infty} \sum_{\varkappa=1}^{N} \int_{\lambda'}^{\lambda} \int_{\lambda'}^{\lambda} \int_Y^q a_{0\varkappa}^{(\mu)}(y, s_1) \overline{a_{0\varkappa}^{(\nu)}(y, s_2)} \frac{dy}{y^2}\, d\lambda_1\, d\lambda_2,$$

$$I_1(\lambda, \lambda') = \lim_{q\to\infty} \sum_{\varkappa=1}^{N} \int_{\lambda'}^{\lambda} \int_{\lambda'}^{\lambda} \int_Y^q \sum_{n\neq 0} a_{n\varkappa}^{(\mu)}(y, s_1) \overline{a_{n\varkappa}^{(\nu)}(y, s_2)} \frac{dy}{y^2}\, d\lambda_1\, d\lambda_2.$$

Nach dem vor (119) über $\sum\limits_{n\neq 0}$ Gesagten erhält man

$$I_1(\lambda, \lambda') = \sum_{\varkappa=1}^{N} \int_{\lambda'}^{\lambda} \int_{\lambda'}^{\lambda} \int_Y^{\infty} \sum_{n\neq 0} \cdots \frac{dy}{y^2}\, d\lambda_1\, d\lambda_2.$$

Dies ist differenzierbar nach λ, und die Ableitung ist 0 für $\lambda' = \lambda$. Nach (124) und (125) ist also

$$\varrho'_{\mu\nu}(\lambda) = \left(\frac{d}{d\lambda} I_0(\lambda, \lambda')\right)_{\lambda'=\lambda}. \tag{126}$$

Ferner ist (mit $s = 1 + 2ir$)

$$I_0(\lambda,\lambda') = \lim_{q\to\infty} \sum_{\varkappa=1}^{N} \int_{r'}^{r} \int_{r'}^{r} \int_Y^q \left\{b_{0\varkappa}^{(\mu)}(s_1)\, y^{\frac{1}{2}-ir_1} + c_{0\varkappa}^{(\mu)}(s_1)\, y^{\frac{1}{2}+ir_1}\right\} \times$$

$$\times \left\{\overline{b_{0\varkappa}^{(\nu)}(s_2)}\, y^{\frac{1}{2}+ir_2} + \overline{c_{0\varkappa}^{(\nu)}(s_2)}\, y^{\frac{1}{2}-ir_2}\right\} \frac{dy}{y^2} \cdot 4r_1 r_2\, dr_1\, dr_2$$

$$= \lim_{q\to\infty} \sum_{\varkappa=1}^{N} \int_{r'}^{r} \int_{r'}^{r} \int_Y^q \left\{b_{0\varkappa}^{(\mu)}(s_1)\, \overline{b_{0\varkappa}^{(\nu)}(s_2)}\, y^{i(r_2-r_1)} + c_{0\varkappa}^{(\mu)}(s_1)\, \overline{c_{0\varkappa}^{(\nu)}(s_2)}\, y^{i(r_1-r_2)} + \right.$$

$$\left. + b_{0\varkappa}^{(\mu)}(s_1)\, \overline{c_{0\varkappa}^{(\nu)}(s_2)}\, y^{-i(r_1+r_2)} + c_{0\varkappa}^{(\mu)}(s_1)\, \overline{b_{0\varkappa}^{(\nu)}(s_2)}\, y^{i(r_1+r_2)}\right\} \frac{dy}{y} \times$$

$$\times 4r_1 r_2\, dr_1\, dr_2$$

$$
= \lim_{q \to \infty} \int_{r'}^{r} \int_{r'}^{r} \sum_{\varkappa=1}^{N} \left\{ \left[b_{0\varkappa}^{(\mu)}(s_1)\, \overline{b_{0\varkappa}^{(\nu)}(s_2)} - c_{0\varkappa}^{(\mu)}(s_1) \overline{c_{0\varkappa}^{(\nu)}(s_2)} \right] \cdot \frac{\cos\left[(r_2 - r_1)\ln y\right]}{i\,(r_2 - r_1)} + \right.
$$

$$
+ \left[b_{0\varkappa}^{(\mu)}(s_1)\, \overline{b_{0\varkappa}^{(\nu)}(s_2)} + c_{0\varkappa}^{(\mu)}(s_1)\, \overline{c_{0\varkappa}^{(\nu)}(s_2)} \right] \cdot \frac{\sin\left[(r_2 - r_1)\ln y\right]}{r_2 - r_1} -
$$

$$
- \left[b_{0\varkappa}^{(\mu)}(s_1)\, \overline{c_{0\varkappa}^{(\nu)}(s_2)} - c_{0\varkappa}^{(\mu)}(s_1)\, \overline{b_{0\varkappa}^{(\nu)}(s_2)} \right] \cdot \frac{\cos\left[(r_1 + r_2)\ln y\right]}{i\,(r_1 + r_2)} -
$$

$$
- \left[b_{0\varkappa}^{(\mu)}(s_1)\, \overline{c_{0\varkappa}^{(\nu)}(s_2)} + c_{0\varkappa}^{(\mu)}(s_1)\, \overline{b_{0\varkappa}^{(\nu)}(s_2)} \right] \times
$$

$$
\left. \times\, \frac{\sin\left[(r_1 + r_2)\ln y\right]}{r_1 + r_2} \bigg|_{y=Y}^{y=q} \right\} 4\, r_1 r_2 \, d r_1 \, d r_2 .
$$

Da die zu $y = Y$ gehörenden Glieder wegen $r_1, r_2 \geq r' > 0$ stetige Funktionen von r_1, r_2 und von q unabhängig sind, hat ihr Beitrag zu I_0 eine Ableitung nach λ, die für $\lambda' = \lambda$ verschwindet. Der Beitrag der mit den Argumenten $(r_1 + r_2)\ln q$ versehenen Sinus- und Cosinusglieder zum Doppelintegral ist $O(1/\ln q)$, wie eine teilweise Integration bezüglich r_1 zeigt (vgl. S. 82). Damit wird wegen (126)

$$
\varrho'_{\mu\nu}(\lambda) = \left(\frac{d}{d\lambda} \lim_{q \to \infty} \int_{r'}^{r} \int_{r'}^{r} \sum_{\varkappa=1}^{N} \left\{ \left[b_{0\varkappa}^{(\mu)}(s_1)\, \overline{b_{0\varkappa}^{(\nu)}(s_2)} + c_{0\varkappa}^{(\mu)}(s_1)\, \overline{c_{0\varkappa}^{(\nu)}(s_2)} \right] \times \right.
$$

$$
\times \sin\left[(r_2 - r_1)\ln q\right] -
$$

$$
- i \left[b_{0\varkappa}^{(\mu)}(s_1)\, \overline{b_{0\varkappa}^{(\nu)}(s_2)} - c_{0\varkappa}^{(\mu)}(s_1)\, \overline{c_{0\varkappa}^{(\nu)}(s_2)} \right] \cdot \cos\left[(r_2 - r_1)\ln q\right] \right\} \times
$$

$$
\left. \times\, \frac{4\, r_1 r_2}{r_2 - r_1} \, d r_1 \, d r_2 \right)_{\lambda' = \lambda} .
$$

Hier führen wir neue Variablen $u = r_2 - r_1$, $v = r_1 + r_2$ ein. Dadurch geht der Integrationsbereich über in

$$
\mathfrak{B} : \begin{cases} |u| \leq r - r' \\ 2r' + |u| \leq |v| \leq 2r - |u|, \end{cases}
$$

die Transformationsdeterminante ist $\tfrac{1}{2}$, und wir erhalten

$$
\varrho'_{\mu\nu}(\lambda) = \left[\frac{d}{d\lambda} \lim_{q \to \infty} \int_{r'-r}^{r-r'} \left(F_1(u)\, \frac{\sin(u \ln q)}{u} - i\, F_2(u) \cos(u \ln q) \right) \cdot \frac{1}{2} \, d u \right]_{\lambda' = \lambda} \tag{127}
$$

mit

$$
\left. \begin{aligned}
F_1(u) &= \int_{2r'+|u|}^{2r-|u|} \sum_{\varkappa=1}^{N} \left[b_{0\varkappa}^{(\mu)}\big(1 + i(v+u)\big)\, \overline{b_{0\varkappa}^{(\nu)}\big(1 + i(v-u)\big)} + \right. \\
&\quad \left. + c_{0\varkappa}^{(\mu)}\big(1 + i(v+u)\big)\, \overline{c_{0\varkappa}^{(\nu)}\big(1 + i(v-u)\big)} \right] (v^2 - u^2)\, d v, \\
F_2(u) &= \int_{2r'+|u|}^{2r-|u|} \sum_{\varkappa=1}^{N} \left[b_{0\varkappa}^{(\mu)}\big(1 + i(v+u)\big)\, \overline{b_{0\varkappa}^{(\nu)}\big(1 + i(v-u)\big)} - \right. \\
&\quad \left. - c_{0\varkappa}^{(\mu)}\big(1 + i(v+u)\big)\, \overline{c_{0\varkappa}^{(\nu)}\big(1 + i(v-u)\big)} \right] \frac{v^2 - u^2}{u} \, d v.
\end{aligned} \right\} \tag{128}
$$

$F_2(u)$ ist für $u \geq 0$ stetig differenzierbar, und zwar einschließlich 0, da das wegen

$$\sum_{\varkappa=1}^{N} \left(b_{0\varkappa}^{(\mu)}(s)\, \overline{b_{0\varkappa}^{(\nu)}(s)} - c_{0\varkappa}^{(\mu)}(s)\, \overline{c_{0\varkappa}^{(\nu)}(s)} \right) = 0 \tag{129}$$

[dies gemäß (17), angewandt auf $E_\mu^*(\tau, s)$ und $\overline{E_\nu^*(\tau, s)}$] schon für den Integranden von $F_2(u)$ zutrifft. Der Beitrag von F_2 zum Integral in (127) erweist sich daher wie früher als $O(1/\ln q)$ für $q \to \infty$, so daß F_2 zu $\varrho'_{\mu\nu}(\lambda)$ nichts beiträgt. Der Beitrag von F_1 zu $\varrho'_{\mu\nu}$ stellt vor der Differentiation nach λ ein sog. DIRICHLETsches Integral dar (siehe z. B. [16], S. 226). Da $F_1(u)$ offenbar stetig und bei 0 von beschränkter Schwankung ist, ist daher

$$\lim_{q \to \infty} \int_0^{r-r'} F_1(u)\, \frac{\sin q\, u}{u}\, du = \frac{\pi}{2} F_1(0), \quad \varrho'_{\mu\nu}(\lambda) = \left[\frac{d}{d\lambda} \left(\frac{\pi}{2} F_1(0) \right) \right]_{\lambda'=\lambda}$$

und also nach (128) und (129)

$$\left. \begin{aligned} \varrho'_{\mu\nu}(\lambda) &= 2\pi r \sum_{\varkappa=1}^{N} \left[b_{0\varkappa}^{(\mu)}(s)\, \overline{b_{0\varkappa}^{(\nu)}(s)} + c_{0\varkappa}^{(\mu)}(s)\, \overline{c_{0\varkappa}^{(\nu)}(s)} \right] \\ &= 4\pi r \sum_{\varkappa=1}^{N} c_{0\varkappa}^{(\mu)}(s)\, \overline{c_{0\varkappa}^{(\nu)}(s)}. \end{aligned} \right\} \tag{130}$$

Dies gilt nun aus Stetigkeitsgründen nicht nur für $\lambda \geq \frac{1}{4}$, sondern auch für $\lambda = \frac{1}{4}$. Für $\mu = \nu$ ergibt das für die Größen $\varrho_\nu(\lambda)$ aus (120)

$$\left. \begin{aligned} \varrho'_\nu(\lambda) &= 2\pi r \sum_{\varkappa=1}^{N} \left(|b_{0\varkappa}^{(\nu)}(s)|^2 + |c_{0\varkappa}^{(\nu)}(s)|^2 \right) = 4\pi r \sum_{\varkappa=1}^{N} |c_{0\varkappa}^{(\nu)}(s)|^2 \\ &\hspace{6cm} \text{für} \quad \lambda \geq \tfrac{1}{4}, \end{aligned} \right\} \tag{131}$$

$$\varrho_\nu(\lambda) = \left\{ \begin{array}{ll} 0 \quad \text{für} \quad \lambda \leq \tfrac{1}{4} \qquad (\nu = 1, \ldots, N) \\[2mm] 2\pi \sum_{\varkappa=1}^{N} \int_{\frac{1}{4}}^{\lambda} \left(|b_{0\varkappa}^{(\nu)}(s)|^2 + |c_{0\varkappa}^{(\nu)}(s)|^2 \right) r\, d\lambda \quad \text{für} \quad \lambda \geq \tfrac{1}{4}. \end{array} \right\} \tag{132}$$

Wären wir bei der Konstruktion von Eigenpaketen von den Reihen [2], (106) statt von den primitiven Reihen ausgegangen, so hätten wir bis hierher ebenso schließen können. Dagegen gilt die Orthogonalitätsaussage des folgenden Satzes, falls $Q > 1$, nur für die Haupteigenpakete.

Satz 35: Ist Γ die Hauptkongruenzgruppe $\mathsf{M}(Q)$ zur Stufe $Q > 1$ und ist N die Maximalzahl von inäquivalenten Spitzen, so sind die N Haupteigenpakete $V_\nu(\tau, \lambda)$ $(\nu = 1, \ldots, N)$ untereinander orthogonal.

Der Beweis folgt unmittelbar aus dem letzten Teil von (130) und dem auf S. 16 über die $c_{0\,\varkappa}^{(\nu)}(s)$ Gesagten.

Nach [2], (130) ist in der Entwicklung der primitiven Reihe $E^*\big(\tau, s\,;(a_1, a_2), Q\big)$ nach der Spitze $-a_2/a_1$ der Koeffizient $c_0(s) = \delta_Q \cdot Q^{\frac{s}{2}}$ mit δ_Q aus (19), während die $c_0(s)$, die zu einer zu $-a_2/a_1$ inäquivalenten Spitze gebildet sind, verschwinden. Nach (131) ist also

$$\varrho_{\nu}'(\lambda) = \left\{ \begin{array}{cc} 4\pi Q\,\delta_0^2\,\nu & \text{für} \quad \lambda \geq \tfrac{1}{4} \\[2mm] 0 & \text{für} \quad \lambda \leq \tfrac{1}{4}. \end{array} \right\} \tag{133}$$

§ 13. Die Maximalität des Systems der Haupteigenpakete.

Der Nachweis, daß das System der in (119) definierten N Haupteigenpakete $V_{\nu}(\tau, \lambda)$ $(\nu = 1, \ldots, N)$ zu $\Gamma = \mathsf{M}(Q)$, $Q \geq 1$ maximal ist im Sinne von S. 70, basiert auf einer expliziten Rechnung mit der in Satz 33 formulierten Vollständigkeitsrelation, in der wir das System $v_{1,\lambda}, v_{2,\lambda}, \ldots$ mit den Haupteigenpaketen beginnen und durch weitere orthogonale Eigenpakete zu einem maximalen ergänzen. Diese Ergänzung geschieht durch Wahl eines maximalen Systems orthogonaler Eigenpakete in dem zu den Haupteigenpaketen senkrechten Unterraum von $\mathfrak{N}$ ($\mathfrak{N}$ aus Satz 21), von dem ja $-\varDelta$ reduziert wird. Unser Ziel ist zu zeigen, daß das System der Haupteigenpakete gar keiner solchen Ergänzung mehr bedarf.

Es sei $\mathfrak{F}$ ein Fundamentalbereich von $\mathsf{M}(Q)$, τ_0 eine Spitze von $\mathfrak{F}$ und $A = \begin{pmatrix} Q^{-\frac{1}{2}} & 0 \\ 0 & Q^{\frac{1}{2}} \end{pmatrix} S$ mit $S \in \mathsf{M}$ eine zugehörige Matrix. $Y_0 > 0$ sei so groß, daß der Bereich $A^{-1}\mathfrak{B}_{Y_0}$ [s. (4)] noch ganz zu $\mathfrak{F}$ gehört. Für beliebiges $Y \geq Y_0$ sei dann $f(\tau; Y)$ diejenige Funktion in $\mathfrak{E}$, die in $A^{-1}\mathfrak{B}_{Y}$ gleich 1 ist, während sie sonst in $\mathfrak{F}$ verschwindet und außerhalb $\mathfrak{F}$ durch die Forderung der Automorphie bezüglich $\mathsf{M}(Q)$ festgelegt ist. Offenbar ist $f \in \mathfrak{H}$, und es ist $\|f(\tau; Y)\|^2 = Y^{-1}$. Wir werden jetzt zeigen, daß der Beitrag B_0 der konstanten Eigenfunktion und die Beiträge B_{ν} $(\nu = 1, \ldots, N)$ der Haupteigenpakete zur rechten Seite der Vollständigkeitsrelation bereits die Summe Y^{-1} besitzen. Daß die nichtkonstanten Eigenfunktionen keine Beiträge liefern, war nach Satz 3 von vornherein klar. Wir werden dann offenbar bewiesen haben, daß jedes auf allen Haupteigenpaketen senkrechte Eigenpaket von $-\varDelta$ zu allen Funktionen $f(\tau; Y)$ mit $Y \geq Y_0$ orthogonal ist.

Der Beitrag der normierten konstanten Eigenfunktion $F^{-\frac{1}{2}}$ ist $B_0 = F^{-1} Y^{-2}$. Der Beitrag des Haupteigenpakets $V_{\nu,\lambda}$ lautet

$$B_\nu = \int\limits_{\frac{1}{4}}^{\infty} \frac{|d\,a_\nu(\lambda)|^2}{d\,\varrho_\nu(\lambda)} \tag{134}$$

mit

$$a_\nu(\lambda) = (f, V_{\nu,\lambda}) = \int\limits_{A^{-1}\mathfrak{B}_\Gamma} \overline{V_\nu(\tau, \lambda)}\, \omega.$$

(119) und eine Vertauschung der Integrationsreihenfolge führen mit der Abkürzung (122) zu

$$a_\nu(\lambda) = \int\limits_{\frac{1}{4}}^{\lambda} \int\limits_{A^{-1}\mathfrak{B}_\Gamma} \overline{E_\nu^*(\tau, s)}\, \omega\, d\lambda. \tag{135}$$

$a_\nu(\lambda)$ ist also stetig differenzierbar. Wegen $\varrho_\nu'(\lambda) > 0$ für $\lambda > \frac{1}{4}$ ist dann das HELLINGERsche Integral (134) gleich

$$B_\nu = \int\limits_{\frac{1}{4}}^{\infty} \frac{|a_\nu'(\lambda)|^2}{\varrho_\nu'(\lambda)}\, d\lambda, \tag{136}$$

wie aus der Definition dieser Integrale leicht folgt. Ist nun $E^*(\tau, s) = E^*\big(\tau, s; (a_1, a_2), Q\big)$ eine beliebige feste der primitiven Reihen, so gilt wegen (21)

$$E_\nu^*(\tau, s) = E^*(S_\nu^{-1} \tau, s) \quad \text{für} \quad \nu = 1, \dots, N$$

mit einer geeigneten Matrix $S_\nu \in \mathsf{M}$, und für $\nu = 1, \dots, N$ durchläuft dann $(A S_\nu)^{-1} \infty = (S S_\nu)^{-1} \infty$ ein vollständiges System inäquivalenter Spitzen von $\mathsf{M}(Q)$ und $A_\nu = A S_\nu$ ein System zugehöriger Matrizen. Aus (135) wird daher

$$\overline{a_\nu'(\lambda)} = \int\limits_{\mathfrak{B}_\Gamma} E^*(A_\nu^{-1} \tau, s)\, \omega = \int\limits_{Y}^{\infty} \Big(b_0^{(\nu)}(s)\, y^{1-\frac{s}{2}} + c_0^{(\nu)}(s)\, y^{\frac{s}{2}}\Big) \frac{d\,y}{y^2}$$

$$= b_0^{(\nu)}(s)\, \frac{Y^{-\frac{1}{2}-ir}}{\frac{1}{2}+ir} + c_0^{(\nu)}(s)\, \frac{Y^{-\frac{1}{2}+ir}}{\frac{1}{2}-ir},$$

$$|a_\nu'(\lambda)|^2 = \frac{|b_0^{(\nu)}(s)|^2 + |c_0^{(\nu)}(s)|^2}{Y(\frac{1}{4}+r^2)} + 2\,\mathrm{Re}\, \frac{b_0^{(\nu)}(s)\, \overline{c_0^{(\nu)}(s)}\, Y^{-2ir}}{Y(\frac{1}{2}+ir)^2}.$$

Nach (136) und (133) ist daher

$$\sum_{\nu=1}^{N} B_\nu = \frac{1}{4\pi Y Q\, \delta_Q^2} \int\limits_{\frac{1}{4}}^{\infty} \sum_{\nu=1}^{N} \left[\frac{|b_0^{(\nu)}(s)|^2 + |c_0^{(\nu)}(s)|^2}{\frac{1}{4}+r^2} + \right.$$
$$\left. + 2\,\mathrm{Re}\, \frac{b_0^{(\nu)}(s)\, \overline{c_0^{(\nu)}(s)}\, Y^{-2ir}}{(\frac{1}{2}+ir)^2} \right] \frac{d\lambda}{r}. \tag{137}$$

Nun war aber $\sum\limits_{\nu=1}^{N} (|b_0^{(\nu)}|^2 + |c_0^{(\nu)}|^2) = 2Q\,\delta_Q^2$ und aus [2], (130) folgt für $\lambda \geq \frac{1}{4}$

$$\sum_{\nu=1}^{N} b_0^{(\nu)}(s)\,\overline{c_0^{(\nu)}(s)} = \eta(s, 0, Q)\, Q^{1-2ir} \cdot \delta_Q,$$

wobei nach [2], (130), (129), (124) und (127)

$$\eta(s, 0, Q) = \frac{\sqrt{\pi}}{Q}\,\frac{\Gamma\!\left(\dfrac{s-1}{2}\right)}{\Gamma(s/2)}\,\zeta(s-1, 0, Q) \sum_{t \bmod Q} c(s, t, Q)$$

$$= 2\sqrt{\pi}\,\frac{\Gamma\!\left(\dfrac{s-1}{2}\right)\zeta(s-1)}{\Gamma(s/2)\,\zeta(s)}\, Q^{-s} \prod_{p/Q} (1 - p^{-s})^{-1}$$

festzustellen ist. Hier durchläuft p die Primteiler von Q. Setzt man dies in (137) ein, so kommt

$$\sum_{\nu=1}^{N} B_\nu = \frac{1}{4\pi Y Q \delta_Q^2} \int_{-\infty}^{\infty} \left[\frac{2Q\,\delta_Q^2}{\frac{1}{4} + r^2} + \frac{4\sqrt{\pi}\,\delta_Q}{(\frac{1}{2}+ir)^2} \cdot \frac{\Gamma(ir)\,\zeta(2ir) \cdot Y^{-2ir}\,Q^{-4ir}}{\Gamma(\frac{1}{2}+ir)\,\zeta(1+2ir)\,\prod\limits_{p/Q}(1-p^{-1-2ir})}\right] dr.$$

Dies kann nach dem Residuensatz berechnet werden, wobei nur ein Pol erster Ordnung bei $r = -\dfrac{i}{2}$ zu berücksichtigen ist. Unter Beachtung von

$$F = \frac{\delta_Q}{6}\,\pi\, Q^3 \prod_{p/Q} (1 - p^{-2})$$

erhält man

$$\sum_{\nu=1}^{N} B_\nu = Y^{-1} - F^{-1} Y^{-2},$$

womit $\|f\|^2 = \sum\limits_{\nu=0}^{N} B_\nu$ bewiesen ist.

Für ein beliebiges, auf den Haupteigenpaketen senkrechtes Eigenpaket $v(\tau, \lambda)$ gilt also jetzt

$$\big(f(\tau; Y), v(\tau, \lambda)\big) = 0.$$

Die Mannifgaltigkeit der Linearkombinationen von jeweils endlich vielen der Funktionen $f(\tau; Y)$ ($Y \geq Y_0$, variabel) besteht offenbar aus einer Art Treppenfunktionen, und der zugehörige abgeschlossene Unterraum $\mathfrak{H}^*$ von $\mathfrak{H}$ besteht aus denjenigen Funktionen $f(\tau)$ aus

$\mathfrak{H}$, für die (in den Bezeichnungen von S. 87)

$$f(A^{-1}\tau) = \begin{cases} 0 & \text{für} \quad A^{-1}\tau \in \mathfrak{F}, \ \tau \notin \mathfrak{B}_{Y_0} \\ \varphi(y) & \text{für} \quad \tau \in \mathfrak{B}_{Y_0} \end{cases},$$

gilt, wobei die Funktionen $\varphi(\tau)$ dadurch charakterisiert sind, daß sie für $y \geq Y_0$ definiert und in bezug auf dy/y^2 als Maßelement quadratisch integrierbar sind.

Da nun wegen (138) $\left(v(\tau, \lambda), f\right)$ überhaupt für alle $f \in \mathfrak{H}^*$ verschwinden muß und dieser Ausdruck gleich

$$\int\limits_{Y_0}^{\infty} \left(\int\limits_0^1 v(A^{-1}\tau, \lambda)\, dx \right) \cdot \overline{\varphi(y)}\, \frac{dy}{y^2},$$

ist, folgt

$$\int\limits_0^1 v(A^{-1}\tau, \lambda)\, dx = 0,$$

zunächst für fast alle $y \geq Y_0$ im Sinne des durch dy/y^2 gegebenen Maßes und daher wegen der τ-Stetigkeit der Eigenpakete (Satz 26) für alle $y \geq Y_0$. Da die Spitze τ_0, zu der A gehört, eine beliebige Spitze von $\mathsf{M}(Q)$ war, haben wir damit:

In der FOURIER-Entwicklung

$$v(A^{-1}\tau, \lambda) = \sum_{n=-\infty}^{\infty} a_n(y, \lambda)\, e^{2\pi i n x}$$

von $v(\tau, \lambda)$ nach einer beliebigen Spitze verschwindet der nullte FOURIER-Koeffizient $a_0(y, \lambda)$ für $y \geq Y_0$ (Y_0 hinreichend groß und fest).

Wir wollen daraus schließen, daß $v(\tau, \lambda)$ identisch verschwindet. Zunächst sieht man, daß auch die nullten FOURIER-Koeffizienten von

$$-\Delta v(\tau, \lambda) = \int\limits_0^{\lambda} \mu\, d\, v(\tau, \mu) = \lambda v(\tau, \lambda) - \int\limits_0^{\lambda} v(\tau, \mu)\, d\mu$$

verschwinden. Daher erhält man mit dem auf S. 46 eingeführten Operator G^* — es steht jetzt Y_0 an Stelle des dortigen Y —

$$G^* \int\limits_0^{\lambda} \mu\, d\, v(\tau, \mu) = G \int\limits_0^{\lambda} \mu\, d\, v(\tau, \mu) = v(\tau, \lambda). \tag{139}$$

Wegen (77) und Satz 30 ist G^* ein vollstetiger symmetrischer Operator und besitzt daher ein vollständiges Orthogonalsystem von

Eigenfunktionen (s. [11], Nr. 93). Für eine beliebige Eigenfunktion z von G^* zum Eigenwert μ_0 gilt nun nach (139)

$$(z, v_\lambda) = \Big(z, G^* \int\limits_0^\lambda \mu\, d v_\mu\Big) = \Big(G^* z, \int\limits_0^\lambda \mu\, d v_\mu\Big) = \mu_0\Big(z, \int\limits_0^\lambda \mu\, d v_\mu\Big),$$

und daraus ist wie auf S. 57 $(z, v_\lambda) = 0$ zu schließen. Aus der Vollständigkeit des Systems der Eigenfunktionen z von G^* folgt also $v_\lambda = 0$. Damit haben wir bewiesen:

Satz 36: Im Falle der Gruppen $\mathsf{M}(Q)$ ist das System der Haupteigenpakete ein maximales System orthogonaler Eigenpakete, d. h. es gibt kein Eigenpaket von $-\Delta$, das auf den Haupteigenpaketen senkrecht steht, ohne identisch zu verschwinden; oder anders gewendet: Der von den Haupteigenpaketen aufgespannte Unterraum von $\mathfrak{H}$ stimmt bereits mit dem Unterraum $\mathfrak{N}$ aus Satz 21 überein.

Nach Satz 32, Satz 34 und Gl. (133) können wir also den Entwicklungssatz für unseren Fall noch einmal wie folgt aussprechen:

Satz 37: Ist $\Gamma = \mathsf{M}(Q)$, so ist jede Funktion f aus dem Definitionsbereich $\mathfrak{D}$ von $-\tilde\Delta$ wie folgt nach einem maximalen Orthogonalsystem normierter Eigenfunktionen $z_1, z_2, \ldots$ und den Haupteigenpaketen $V_{1,\lambda}, \ldots, V_{N,\lambda}$ entwickelbar:

$$f = \sum_{n=1}^\infty a_n z_n + \frac{1}{4\pi Q \delta_Q^2} \sum_{\nu=1}^N \int\limits_{\lambda=\frac14}^\infty \frac{E_\nu^*(\tau, s)}{r}\, d a_\nu(\lambda) \tag{140}$$

mit δ_Q aus (19) und

$$a_n = (f, z_n), \quad a_\nu(\lambda) = (f, V_{\nu,\lambda}),$$

$$s = 1 + 2 i r, \quad r = \sqrt{\lambda - \tfrac14}.$$

Die Konvergenzeigenschaften der Summe und der Integrale sind dieselben wie in Satz 34. Erfüllt $f(\tau)$ in jeder Spitze τ_0 mit der zugehörigen Matrix A eine O-Aussage $f(A^{-1}\tau) = O(y^\varkappa)$ für $y \to \infty$ gleichmäßig in x mit einer geeigneten Konstanten $\alpha < \tfrac12$, so ist

$$a_\nu(\lambda) = \int\limits_{\mathfrak{F}} f(\tau) \int\limits_{\frac14}^\lambda \overline{E_\nu^*(\tau, s)}\, d\lambda\, \omega = \int\limits_{\frac14}^\lambda \int\limits_{\mathfrak{F}} f(\tau)\, \overline{E_\nu^*(\tau, s)}\, \omega\, d\lambda,$$

so existiert

$$a_\nu'(\lambda) = \int\limits_{\mathfrak{F}} f(\tau)\, \overline{E_\nu^*(\tau, s)}\, \omega,$$

und (140) geht über in

$$f = \sum_{n=1}^{\infty} a_n z_n + \frac{1}{2\pi Q \delta_Q^2} \sum_{\nu=1}^{N} \int_0^{\infty} E_\nu^*(\tau, s)\, a_\nu'(\lambda)\, d\gamma. \qquad (141)$$

Ist $f \in \mathfrak{H}$ beliebig, so bleibt die Darstellung (140) im Sinne der $\mathfrak{H}$-Konvergenz gültig.

Aus der Maximalität des Systems der Haupteigenpakete und der Definitionsgleichung (119) folgt, daß unterhalb $\lambda = \frac{1}{4}$ keine Punkte des Streckenspektrums von $-\varDelta$ mehr liegen. Da nach S. 83 die Halbgerade $\lambda \geq \frac{1}{4}$ jedenfalls zum Streckenspektrum gehört, haben wir damit die zweite, auf S. 69 angekündigte Möglichkeit eines Beweises von Satz 31 ausgeführt.

§ 14. Die Vielfachheit des Streckenspektrums im Falle $\Gamma = \mathsf{M}(Q)$.

Wegen der etwas mühsam auszusprechenden Definition der Vielfachheit des Streckenspektrums sei auf [5], S. 267, Def. 7.1 verwiesen. Stone nennt das Streckenspektrum kontinuierliches Spektrum. Der in [5], Def. 7.1 genannte Raum $\mathfrak{N}$ hat dieselbe Bedeutung wie bei uns in Satz 21. Wir wissen, daß $\mathfrak{N}$ für $\Gamma = \mathsf{M}(Q)$ vom Nullraum und von $\mathfrak{H}$ verschieden ist. Das in [5], Def. 7.1 vorkommende Elementsystem $\psi_1, \psi_2, \ldots$ ist durch die Eigenschaften (1), (2), (3) aus [5], S. 250, Theorem 7.5 charakterisiert. Auf die Normiertheit der ψ_ν darf und soll verzichtet werden; sie müssen nur von 0 verschieden sein. Betreffs der Bedeutung der Räume $\mathfrak{M}(\psi_\nu)$ und des Zeichens $>$ in [5], Theorem 7.5 vergleiche man [5], S. 243, Theorem 7.2 und S. 221, Def. 6.2 und S. 214.

Wir behaupten nun

Satz 38: Im Falle $\Gamma = \mathsf{M}(Q)$ ist die Vielfachheit des Streckenspektrums gleich 0 in den Punkten $\lambda < \frac{1}{4}$ und gleich N, der Maximalzahl inäquivalenter Spitzen, in den Punkten $\lambda \geq \frac{1}{4}$.

Beweis: Wir geben zunächst ein System von N Elementen $\psi_1, \ldots, \psi_N$ aus $\mathfrak{H}$ an, das die in [5], Theorem 7.5 genannten Eigenschaften hat. Dazu definieren wir für $\nu = 1, \ldots, N$

$$\widetilde{V}_\nu(\tau, \mu) = \begin{cases} \int_{\frac{1}{4}}^{\mu} E_\nu^*(\tau, s)\, \dfrac{d\lambda}{\lambda} & \text{für } \mu \geq \frac{1}{4} \\[2ex] \qquad 0 & \text{für } \mu < \frac{1}{4}. \end{cases}$$

Man stellt wie früher bei den Haupteigenpaketen fest, daß diese Funktionen ein maximales Orthogonalsystem von Eigenpaketen von $-\varDelta$ bilden. Für die Funktionen

$$\tilde{\varrho}_\nu(\lambda) = \| \tilde{V}_\nu(\tau, \lambda)\|^2 \qquad (\lambda \geq \tfrac{1}{4})$$

findet man analog zu S. 83—87

$$\tilde{\varrho}'_\nu(\lambda) = 4\pi\, Q\, \delta_Q^2 \cdot \frac{r}{\lambda^2}\,,$$

woraus $\tilde{\varrho}_\nu(\lambda_2) - \tilde{\varrho}_\nu(\lambda_1) \to 0$ für $\lambda_1, \lambda_2 \to \infty$ folgt. Wegen Satz 23, b) bedeutet das gerade die Existenz des $\mathfrak{H}$-Grenzwertes

$$\psi_\nu(\tau) = \lim_{\lambda \to \infty} \tilde{V}_\nu(\tau, \lambda) = \int\limits_{\frac{1}{4}}^{\infty} E_\nu^*(\tau, s)\, \frac{d\lambda}{\lambda} \quad \text{für} \quad \nu = 1, \ldots, N. \tag{142}$$

Die Frage der Konvergenz dieses Integrals im gewöhnlichen Sinn hat hier keine Bedeutung; wir hätten ebenso gut von vornherein statt des Nenners λ einen so stark wachsenden Nenner wählen können, daß Konvergenz auch im gewöhnlichen Sinn statthat. Wir weisen nun die drei charakteristischen Eigenschaften aus [5], Theorem 7.5 nach. Die Unterräume $\mathfrak{M}(\psi_\nu)$ werden nach [5], Theorem 7.2 von den Elementen $E_\lambda \psi_\nu$ aufgespannt, wobei E_λ die Spektralschar von $-\tilde{\varDelta}$ (Satz 20) ist. (142) und (89) zeigen

$$E_\lambda \psi_\nu(\tau) = \tilde{V}_\nu(\tau, \lambda) \quad \text{für} \quad \nu = 1, \ldots, N.$$

Da nun die $\tilde{V}_\nu(\tau, \lambda)$ ein maximales Orthogonalsystem von Eigenpaketen bilden, ist der Unterraum $\mathfrak{M}$ von Satz 21 direkte Summe der von den Elementscharen $\tilde{V}_\nu(\tau, \lambda)$ aufgespannten Unterräume $\mathfrak{M}(\psi_\nu)$. Damit ist die Eigenschaft (1) aus Theorem 7.5 nachgewiesen. Die Eigenschaft (2) ist klar, da ja die $\tilde{V}_\nu(\tau, \lambda)$ $\mathfrak{H}$-stetige Elementscharen darstellen. Die Eigenschaft (3) schließlich ist trivial wegen der Übereinstimmung der Funktionen $\tilde{\varrho}_\nu(\lambda)$ für $\nu = 1, \ldots, N$. Beachtet man nun, daß die Funktionen $\tilde{\varrho}_\nu(\lambda)$ gleich 0 sind für $\lambda < \tfrac{1}{4}$ und eigentlich monoton wachsen für $\lambda \geq \tfrac{1}{4}$, so gilt nach [5], Def. 7.1 die Behauptung unseres Satzes.

§ 15. Eine Charakterisierung des Raumes $\mathfrak{M}$ der Eigenfunktionen im Falle $\Gamma = \mathsf{M}(Q)$.

Satz 39: Im Falle $\Gamma = \mathsf{M}(Q)$ liegt eine Funktion $f \in \mathfrak{H}$ dann und nur dann im Raum $\mathfrak{M}$ der Eigenfunktionen (Satz 21), wenn ihre Projektion auf $\mathfrak{H}_0$ (Def. 5) in jeder Spitze τ_0 von $\mathsf{M}(Q)$ mit der zugehörigen Matrix A einen im Sinne des linearen Lebesgueschen Maßes fast überall verschwindenden nullten Fourier-Koeffizienten

$$a_0(y) = \int_0^1 f(A^{-1}\tau)\, dx$$

hat.

Beachtet man, daß sich die Projektion von f auf $\mathfrak{H}_0$ nur um eine additive Konstante von f unterscheidet und daß nach Satz 3 alle nichtkonstanten Eigenfunktionen Spitzenfunktionen sind, so erweist sich Satz 39 als eine einfache Folge von

Satz 40: Im Falle $\Gamma = \mathsf{M}(Q)$ enthält der Unterraum $\mathfrak{M}_0 = \mathfrak{M} \cap \mathfrak{H}_c$, der von den Spitzenfunktionen aufgespannt wird, eine Funktion $f \in \mathfrak{H}$ dann und nur dann, wenn ihre nullten Fourier-Koeffizienten im Sinne von Satz 39 fast überall verschwinden.

Beweis: 1. Es sei $f \in \mathfrak{M}_0$ und τ_0 eine beliebige Spitze mit der zugehörigen Matrix A. Es gibt dann eine gegen f $\mathfrak{H}$-konvergente Folge $f_1, f_2, \ldots$ von Linearkombinationen aus jeweils endlich vielen Spitzenfunktionen. Bezeichnet nun $\mathfrak{R}$ das Rechteck

$$0 \leq x \leq 1, \quad y_0 \leq y \leq y_1 \tag{143}$$

wobei y_0, y_1 positive Zahlen mit $y_1 \geq y_0$ sind, so erhält man mit Hilfe der Schwarzschen Ungleichung

$$\left| \int_{\mathfrak{R}} f(A^{-1}\tau)\, \omega \right|^2 = \left| \int_{\mathfrak{R}} \left(f(A^{-1}\tau) - f_n(A^{-1}\tau) \right) \omega \right|^2$$

$$\leq \left(\frac{1}{y_0} - \frac{1}{y_1} \right) \left| \int_{\mathfrak{R}} \left| f(A^{-1}\tau) - f_n(A^{-1}\tau) \right|^2 \omega \right;$$

denn $\int_{\mathfrak{R}} f_n(A^{-1}\tau)\, \omega$ verschwindet offenbar. Bezeichnet nun $\mathfrak{F}$ einen festen Fundamentalbereich von Γ und $\mathfrak{P}$ die zugehörige Parkettierung von $\mathfrak{E}$ durch die Bilder von $\mathfrak{F}$ bei Γ, so hat der kompakte Bereich $A^{-1}\mathfrak{R}$ aus $\mathfrak{E}$ nur mit einer endlichen Anzahl m von Fundamentalbereichen aus $\mathfrak{P}$ Punkte gemeinsam, so daß wir unsere Abschätzung fortsetzen können mit

$$\left| \int_{\mathfrak{R}} f(A^{-1}\tau)\, \omega \right|^2 \leq \left(\frac{1}{y_0} - \frac{1}{y_1} \right) m \, \| f - f_n \|^2.$$

Da die rechte Seite für $n \to \infty$ nach 0 strebt, folgt

$$\int_{\mathfrak{R}} f(A^{-1}\tau)\, \omega = 0.$$

Nach einem Satz von Fubini ist hier die linke Seite gleich dem iterierten Integral

$$\int\limits_{y_0}^{y_1} \left(\int\limits_0^1 f(A^{-1}\tau)\, dx \right) \frac{dy}{y^2} ,$$

wobei das innere Integral für fast alle $y_0 \leq y \leq y_1$ existiert und eine integrierbare Funktion von y darstellt. Aus dem Verschwinden ihres Integrals für beliebige $0 < y_0 \leq y_1$ folgt aber ihr Verschwinden für fast alle $y > 0$. Da die Spitze τ_0 beliebig gewählt war, haben wir damit die Notwendigkeit der Bedingung des Satzes.

2. Es sei $f \in \mathfrak{H}$ eine Funktion, deren nullte Fourier-Koeffizienten zu den Spitzen fast überall verschwinden. Ist V_λ ein beliebiges Haupteigenpaket und $E^*(\tau, s)$ die zu ihm gehörige primitive Eisenstein-Reihe, $\mathfrak{F}$ ein Fundamentalbereich von Γ und $\mathfrak{F}_Y$ der Bereich (5), worin $\begin{pmatrix} Q^{\frac{1}{2}} & 0 \\ 0 & Q^{-\frac{1}{2}} \end{pmatrix} A_\nu \in \mathsf{M}$ angenommen werden kann, so erhält man unter Berücksichtigung von (119) und dem auf S. 81 Gesagten leicht

$$(V_\lambda, f) = \int\limits_{\frac{1}{4}}^{\lambda} \int\limits_{\mathfrak{F}_Y} E^*(\tau, s)\, \overline{f(\tau)}\, \omega\, d\lambda +$$

$$+ \sum_{\nu=1}^{N} \lim_{q \to \infty} \int\limits_{\frac{1}{4}}^{\lambda} \int\limits_{Y}^{q} \int\limits_0^1 \left(E_\nu^*(Q\tau, s) - a_{0\nu}(y, s) \right) \overline{f(A_\nu^{-1}\tau)}\, \omega\, d\lambda$$

$$= \int\limits_{\frac{1}{4}}^{\lambda} \Phi(s)\, d\lambda$$

mit

$$\Phi(s) = \int\limits_{\mathfrak{F}_Y} E^*(\tau, s)\, \overline{f(\tau)}\, \omega + \sum_{\nu=1}^{N} \int\limits_{Y}^{\infty} \int\limits_0^1 \left(E_\nu^*(Q\tau, s) - a_{0\nu}(y, s) \right) \overline{f(A_\nu^{-1}\tau)}\, \omega; \quad (144)$$

dabei ist $E_1^*(\tau, s), \ldots, E_N^*(\tau, s)$ das System der primitiven Eisenstein-Reihen zu Γ und $a_{0\nu}(y, s)$ bezeichnet den nullten Fourier-Koeffizienten zur Spitze ∞ von $E_\nu^*(Q\tau, s)$. Wir wollen mit Hilfe von (144) $(V_\lambda, f) = 0$ beweisen. Denn da V_λ ein beliebiges Haupteigenpaket war, folgt dann aus Satz 36 und Satz 21 $f \in \mathfrak{M}$; dann unterscheidet sich aber die Projektion f_0 von f auf $\mathfrak{H}_0$ von f nur um eine additive Konstante, und da die nullten Fourier-Koeffizienten von f_0 nach dem bereits unter 1. Bewiesenen jedenfalls verschwinden, folgt nach unserer Voraussetzung über f, daß $f = f_0 \in \mathfrak{M}$, was ja zu zeigen ist. Zur Durchführung dieses Verfahrens zeigen wir, daß die Funktion $\Phi(s)$ verschwindet, wenn s [wegen

$\lambda \geq \frac{1}{4}$ und (22)] auf der Geraden Re $s = 1$ variiert. Wir setzen $\Phi(s)$ als regulär analytische Funktion in das ganze Gebiet

$$\mathfrak{G}: \quad \operatorname{Re} s \geq 1, \quad s \neq 2$$

fort und werden ihr Verschwinden für hinreichend großen Realteil von s zeigen.

Wie aus [2], S. 162—165 zu entnehmen ist, stellen die primitiven EISENSTEIN-Reihen in $\mathfrak{G}$ regulär analytische Funktionen von s dar, und dabei besteht τ, s-Stetigkeit. Daraus folgt, daß in dem Ausdruck (144) für $\Phi(s)$ das Integral über $\mathfrak{F}_Y$ in $\mathfrak{G}$ regulär ist, denn die Differentiation nach s ist unter dem Integralzeichen ausführbar. Für die Integrale

$$\int\limits_Y^\infty \int\limits_0^1 \left(E_\nu^*(Q\tau, s) - a_{0\nu}(y, s) \right) \overline{f(A_\nu^{-1}\tau)} \, \omega \qquad (\nu = 1, \ldots, N)$$

besteht die Regularität in $\mathfrak{G}$, da sie für $q \to \infty$ in jedem kompakten Teilbereich von $\mathfrak{G}$ gleichmäßige Grenzwerte der in diesen Bereichen regulären Funktionen

$$\int\limits_Y^q \int\limits_0^1 \left(E_\nu^*(Q\tau, s) - a_{0\nu}(y, s) \right) \overline{f(A_\nu^{-1}\tau)} \, \omega$$

sind, wie man mit Hilfe von [2], S. 162—165 bestätigt. Damit ist die analytische Fortsetzbarkeit von $\Phi(s)$ in $\mathfrak{G}$ bewiesen. Aus (144) folgt für $s \in \mathfrak{G}$

$$\Phi(s) = \lim_{Y \to \infty} \int\limits_{\mathfrak{F}_Y} E^*(\tau, s) \overline{f(\tau)} \, \omega. \tag{145}$$

Hier tragen wir unter der Voraussetzung Re $s > 2$ die Entwicklung

$$E^*(\tau, s) = \sum_{\substack{m_i \equiv a_i(Q) \\ (m_1, m_2) = 1}} \frac{y^{\frac{s}{2}}}{|m_1 \tau + m_2|^s} \tag{146}$$

unserer primitiven EISENSTEIN-Reihe ein. Wir schreiben A für A_1 und bezeichnen mit $\mathfrak{S}$ ein maximales System von Matrizen M aus dem Matrizenkomplex $A\mathsf{M}(Q)$ mit verschiedenen zweiten Zeilen. Es bedeutet keine Einschränkung der Allgemeinheit anzunehmen, daß $E^*(\tau, s)$ gerade zur Spitze $A_1^{-1}\infty$ von $\mathfrak{F}$ (s. S. 95) gehört. Dann haben wir nach unseren früheren Bezeichnungen $E^*(\tau, s) = E_1^*(\tau, s)$, und a_1, a_2 sind so zu bestimmen, daß $-a_2/a_1 = A_1^{-1}\infty$ ist. $A\mathsf{M}(Q)$ geht bei Multiplikation von links mit einer Substitution aus der von $\begin{pmatrix} 1 & 1 \\ 0 & 1 \end{pmatrix}$ erzeugten zyklischen Gruppe Z in sich über, da Z die Untergruppe der parabolischen Matrizen von $A\,\mathsf{M}(Q)\,A^{-1}$ zur Spitze ∞ ist. Daher zerfällt $A\,\mathsf{M}(Q)$ in volle Klassen bezüglich Z linksäquivalenter Elemente, und $\mathfrak{S}$ kann als Vertretersystem dieser Klassen charakterisiert werden. $\mathfrak{S}$ kann so gewählt werden, daß es mit M auch $-M$ enthält. Es bezeichne dann $\mathfrak{S}^*$ ein System von Matrizen aus $\mathfrak{S}$, das von jedem Paar $\pm M$ nur eine Matrix enthält. Es ist dann

$$E^*(\tau, s) = Q^{\frac{s}{2}} \delta_Q \sum_{M \in \mathfrak{S}^*} (\operatorname{Im} M\tau)^{\frac{s}{2}},$$

und aus (145) wird

$$\Phi(s) = \delta_Q\, Q^{\frac{s}{2}} \lim_{Y \to \infty} \int_{\mathfrak{F}_Y} \Big[\sum_{M \in \mathfrak{S}^*} (\operatorname{Im} M\tau)^{\frac{s}{2}} \Big] \overline{f(\tau)}\, \omega. \qquad (147)$$

Aus dem oben Gesagten geht hervor, daß es genau eine Matrix $M = M_1$ in $\mathfrak{S}^*$ gibt, die die Spitze $\tau_1 = A^{-1}\infty$ von $\mathfrak{F}$ nach ∞ wirft; M_1 repräsentiert diejenige der oben genannten Klassen, welche A enthält, so daß $M_1 = Z A$ mit einer gewissen Matrix $Z \in \mathsf{Z}$ gilt.

$$\sum_{\substack{M \in \mathfrak{S}^* \\ M \neq M_1}} (\operatorname{Im} M\tau)^{\frac{s}{2}}$$

stellt dann eine über $\mathfrak{F}$ quadratisch integrierbare Funktion dar, wie aus den Entwicklungen von $E^*(\tau, s)$ zu ersehen ist, und $(\operatorname{Im} M_1\tau)^{\frac{s}{2}}$ ist noch quadratisch integrierbar über $\mathfrak{F}_Y^* = \mathfrak{F} - A^{-1}\mathfrak{B}_Y$. Da ferner auch

$$\sum_{\substack{M \in \mathfrak{S}^* \\ M \neq M_1}} \big| (\operatorname{Im} M\tau)^{\frac{s}{2}} \big|$$

über $\mathfrak{F}$ quadratisch integrierbar ist, wie aus den Entwicklungen von $E^*(\tau, \operatorname{Re} s)$ zu ersehen ist, kann in (147) der Grenzübergang teilweise ausgeführt werden. Man erhält

$$\Phi(s) = \delta_Q\, Q^{\frac{s}{2}} \cdot \lim_{Y \to \infty} \int_{\mathfrak{C}_Y} y^{\frac{s}{2}} \overline{f(A^{-1}\tau)}\, \omega, \qquad (148)$$

wobei

$$\mathfrak{C}_Y = M_1 \mathfrak{F}_Y^* + \sum_{\substack{M \in \mathfrak{S}^* \\ M \neq M_1}} M\mathfrak{F}$$

ist. $\sum\limits_{M \in \mathfrak{S}^*} M\mathfrak{F}$ stellt einen Fundamentalbereich von Z in $\mathfrak{E}$ dar. $\mathfrak{C}_Y$ entsteht aus ihm durch Abschneiden des oberhalb Y gelegenen

Teils. Wegen der Invarianz des Integranden von (148) bei Z folgt also

$$\Phi(s) = \delta_Q \, Q^{\frac{s}{2}} \lim_{Y \to \infty} \int\limits_0^{Y} \int\limits_0^1 y^{\frac{s}{2}} \overline{f(A^{-1}\tau)} \, \omega.$$

Dies verschwindet aber, da der nullte Fourier-Koeffizient von $f(A^{-1}\tau)$ zur Spitze ∞ nach Voraussetzung verschwindet. Das vollendet den Beweis von Satz 40.

Im Falle $\Gamma = \mathsf{M}$ liegt zwar der übliche Fundamentalbereich $\mathfrak{F}$ ganz oberhalb $y = \frac{1}{2}\sqrt{3}$. Damit $f \in \mathfrak{H}$ in $\mathfrak{M}_0$ (aus Satz 40) liegt, genügt es aber nicht zu fordern, daß der nullte Fourier-Koeffizient von f für $y \geq y_0$ verschwindet, wobei y_0 eine feste Zahl mit $0 < y_0 \leq \frac{1}{2}\sqrt{3}$ ist. Das zeigt das Beispiel der Funktion

$$f(\tau) = \begin{cases} 0 & \text{für} \quad \tau \in \mathfrak{F}, \ y < y_0^{-1} \\ \cos 2\pi x & \text{für} \quad \tau \in \mathfrak{F}, \ y \geq y_0^{-1} \\ \text{automorphe Fortsetzung hiervon für } \tau \in \mathfrak{E}. \end{cases}$$

Bei der Substitution $\tau \to -1/\tau$ geht nämlich $\tau = i y_0^{-1}$ in $i y_0$ über und man erkennt $\int\limits_0^1 f(\tau) \, dx > 0$ für $y = y_0 - \varepsilon$ für alle genügend kleinen positiven ε.

§ 16. Bemerkungen zu anderen Ansätzen.

Falls Γ Spitzen hat, bestände ein naheliegender Weg zum Nachweis der Existenz unendlich vieler Eigenfunktionen in der Ermittlung der Projektion $G_{\mathfrak{M}}(\tau,\tau')$ der Greenschen Funktion $G(\tau,\tau')$ auf den Unterraum $\mathfrak{M}$ der Eigenfunktionen. Da $\mathfrak{M}$ nach Satz 21 den Operator $-\tilde{\Delta}$ reduziert, reduziert $\mathfrak{M}$ auch den Operator G, und der in $\mathfrak{M}$ fallende Bestandteil $G_{\mathfrak{M}}$ von G ist gerade die Einschränkung des zu $G_{\mathfrak{M}}(\tau,\tau')$ gehörenden Integraloperators auf den Unterraum $\mathfrak{M}$. Könnte man nun zeigen, daß $G_{\mathfrak{M}}(\tau,\tau')$ für $\tau = \tau'$ singulär ist, so folgte aus der Stetigkeit der Eigenfunktionen und der zu (80) analogen Darstellung von $G_{\mathfrak{M}}(\tau,\tau')$, daß $G_{\mathfrak{M}}$ unendlich viele zu von 0 verschiedenen Eigenwerten gehörige Eigenfunktionen hat, und dasselbe träfe dann für $-\Delta$ zu.

Man kann nun $G_{\mathfrak{M}}(\tau,\tau')$ erhalten, indem man von $G(\tau,\tau')$ die Projektion $G_{\mathfrak{N}}(\tau,\tau')$ in den Raum $\mathfrak{N}$ der Eigenpakete subtrahiert. Nach Satz 32 (117) ist in den dortigen Bezeichnungen im Sinne der $\mathfrak{H}$-Konvergenz

$$G_{\mathfrak{A}}(\tau_0, \tau) = \sum_{n=1}^{\infty} \int_{\frac{1}{4}}^{\infty} \frac{da_n(\lambda)\, dv_n(\tau, \lambda)}{d\varrho_n(\lambda)}$$

mit $a_n(\lambda) = a_n(\lambda, \tau_0) = (G(\tau_0, \tau), v_n(\tau, \lambda)) = \int_{\frac{1}{4}}^{\lambda} \mu^{-1} d\,\overline{v_n(\tau_0, \mu)}$. Daraus folgt

$$G_{\mathfrak{A}}(\tau, \tau') = \sum_{n=1}^{\infty} \int_{\frac{1}{4}}^{\infty} \frac{\overline{dv_n(\tau, \lambda)}\, dv_n(\tau', \lambda)}{\lambda\, d\varrho_n(\lambda)}$$

im Sinne von $\mathfrak{H}$-Konvergenz. Nimmt man nun im Falle $\Gamma = \mathsf{M}(Q)$ für $v_1(\tau, \lambda), v_2(\tau, \lambda), \ldots$ ein System, das mit den Haupteigenpaketen beginnt, deren Maximalität noch gar nicht bekannt zu sein braucht, so liefern diese wegen (133) den Beitrag

$$\sum_{\nu=1}^{N} \int_{\frac{1}{4}}^{\infty} \frac{\overline{E_\nu^*(\tau, s)}\, E_\nu^*(\tau', s)}{\lambda \cdot 4\pi Q\, \delta_Q^2\, \nu}\, d\lambda$$

oder, da $\overline{E_\nu^*(\tau, s)} = E_\nu^*(\tau, \bar{s})$ ist,

$$\frac{1}{4\pi Q\, \delta_Q^2} \sum_{\nu=1}^{N} \int_{-\infty}^{\infty} \frac{E_\nu^*(\tau, \bar{s})\, E_\nu^*(\tau', s)}{\lambda}\, d\nu \qquad (149)$$

im Sinne der $\mathfrak{H}$-Konvergenz. Die Berechnung dieser Integrale als uneigentliche Integrale im Sinne gewöhnlicher Konvergenz, etwa mit Hilfe der FOURIER-Entwicklungen der E_ν^*, stößt jedoch auf große Schwierigkeiten. Gelänge es aber zu zeigen, daß die letzte Summe von $G(\tau, \tau')$ nur um einen Ausdruck $D(\tau, \tau')$ abweicht, für den bereits

$$\iint_{\mathfrak{F}\mathfrak{F}} |D(\tau, \tau')|^2\, \omega\, \omega' \qquad (150)$$

existiert und der für $\tau = \tau'$ singulär ist, so folgte einerseits, daß das System der Haupteigenpakete schon maximal war, und andererseits nach dem alten Schluß, daß es noch unendlich viele Eigenfunktionen geben muß. Von den kritischen Integralen konnte ich jedoch nur einige Bestandteile abspalten, die das gewünschte Verhalten zeigen. Die Integrale stellen Mittelwerte EPSTEINscher Zetafunktionen auf ihrer kritischen Geraden Re $s = 1$ dar. Ähnliche Mittelwerte sind in [17] untersucht worden. Im Falle $\Gamma = \mathsf{M}$ kann man aus den dortigen Ergebnissen schließen, daß die kritischen

Integrale jedenfalls dann im gewöhnlichen Sinne konvergieren, wenn x, y^2 und x', y'^2 rationale Zahlen sind.

Die Existenz der kritischen Mittelwerte wäre durch einen Satz aus der Theorie der Integralgleichungen gesichert, wenn bekannt wäre, daß jeder Summand $G_\nu(\tau, \tau')$ aus (149) — verstanden im Sinne der $\mathfrak{H}$-Konvergenz — eine τ, τ'-stetige Funktion darstellt. Denn die mit den $G_\nu(\tau, \tau')$ gebildeten Integraloperatoren G_ν stimmen in den von den Haupteigenpaketen $V_\nu(\tau, \lambda)$ aufgespannten Unterräumen $\mathfrak{H}_\nu$ mit G überein, während sie in den zu den $\mathfrak{H}_\nu$ total senkrechten Unterräumen verschwinden. Die G_ν sind also ebenso wie G definit. Die kritischen Integrale existieren dann aber nach [8], S. 47, Theorem III, einer Verallgemeinerung eines bekannten Satzes von Mercer.

Nun noch ein Wort zur Frage nach der Existenz von geraden Eigenfunktionen im Falle $\Gamma = \mathsf{M}$. Könnte man zeigen, daß der gerade Bestandteil der obigen Funktion $G_\mathfrak{M}(\tau, \tau')$ für $\tau = \tau'$ singulär ist, was jedenfalls dann der Fall ist, wenn die oben ausgesprochene Stetigkeitsvermutung über $G_\mathfrak{M}(\tau, \tau')$ richtig ist, so wäre die Existenz unendlich vieler gerader Eigenfunktionen gesichert. — Man könnte aber auch gerade Funktionen in die Vollständigkeitsrelation einsetzen, wie wir es in § 13 taten, und nachsehen, ob bereits der Beitrag des (geraden) Haupteigenpakets zu ihrer Erfüllung genügt oder nicht; wenn nicht, so müßte es mindestens eine gerade Eigenfunktion geben, da ja die ungeraden Eigenfunktionen keine Beiträge liefern können. Es stellen sich jedoch immer schwierige Integrale ein.

§ 17. Eine Anwendung der Ergebnisse im Falle $\Gamma = \mathsf{M}$ auf die Zuordnung Dirichletscher Reihen zu Siegelschen Modulformen zweiten Grades.

Über das Ziel dieses Paragraphen ist schon in der Einleitung gesprochen worden. Wir beginnen sogleich mit der Konstruktion der dort genannten Schar von Dirichlet-Reihen, die der Modulform zweiten Grades $g(Z)$ zugeordnet werden soll. Wir brauchen nur die Punkte zu besprechen, in denen sich gegenüber dem Vorbild [3] Wesentliches ändert.

$E^*(\tau, 1 + 2i\nu)$ bezeichne die zur Modulgruppe gehörige primitive Eisenstein-Reihe. Dabei bedeute ν eine feste Zahl ≥ 0. Analog zu [3], (53) bilden wir

$$R(s; E^*, g) = \frac{1}{\sqrt{\pi}} \int_\mathfrak{F} \xi_2(s, \tau; g) \, \overline{E^*(\tau, 1 + 2i\nu)} \, \omega. \qquad (151)$$

Dabei bezeichnet $\mathfrak{F}$ den üblichen Fundamentalbereich von M, und $\xi_2(s, \tau; g)$ ist in [3], (37) erklärt. Die neue komplexe Variable s hat nichts mehr mit $1 + 2ir$ zu tun. Die rechte Seite von (151) existiert, wenn $\sigma = \operatorname{Re} s$ hinreichend groß ist. Denn es ist

$$E^*(\tau, 1 + 2ir) = O(y^{\frac{1}{2}}) \quad \text{für } y \to \infty,$$

und das Wachstum von $\xi_2(s, \tau; g)$ übersieht man nach [3], (38) durch folgende Abschätzung von $\varphi_2(s, \tau; g)$: Wegen [3], S. 98 o. ist zunächst

$$\operatorname{Sp}(T\,Y_1) = \frac{1}{2}\left(y\,t_0 + \frac{t_2}{y}\right) \geq \frac{1}{2}\,(y\,t_0^2\,t_2)^{\frac{1}{3}} \geq \frac{1}{2}\,(y\,t_0\,t_2)^{\frac{1}{3}};$$

beachtet man noch [3], (34), so folgt nach [3], (39) in den dortigen Bezeichnungen mit $\sigma = \operatorname{Re} s$

$$\begin{aligned}
|\varphi_2(s, \tau; g)| &\leq \sum_{\substack{t_0, t_2 > 0 \\ |t_1| < |t_0 t_2|}} c_1 |T|^k\, 2^{2\sigma}\, y^{-\frac{2}{3}\sigma}\, (t_0\,t_2)^{-\frac{2}{3}\sigma} \\
&\leq c_2\, 4^\sigma\, y^{-\frac{2}{3}\sigma} \sum_{t_0, t_2 > 0} (t_0\,t_2)^{k + \frac{1}{2} - \frac{2}{3}\sigma} \\
&= c_2\, 4^\sigma\, y^{-\frac{2}{3}\sigma} \cdot \zeta^2\left(\frac{2}{3}\sigma - k - \frac{1}{2}\right)
\end{aligned}$$

mit einer geeigneten Konstanten c_2. Nun kann wieder [3], (54) mit $E^*(\tau, 1 + 2ir)$ statt $e(\tau)$ bestätigt werden. Die alten Umformungen führen zu den Darstellungen [3], (64), (65). Die Funktion [3], (65) mit $E^*(\tau, 1 + 2ir)$ an Stelle von $e(\tau)$ stellt nun in Abhängigkeit von $r \geq 0$ die angekündigte Schar von DIRICHLET-Reihen dar.

Nun zur Herleitung der Funktionalgleichung von $R(s; E^*, g)$. Man gelangt wieder zu [3], (79). [3], (80) ändert sich, da $E^*(\tau, 1 + 2ir)$ in $\mathfrak{F}$ keine Schranke hat. Es gilt aber

$$E^*(\tau, 1 + 2ir) \leq c_0\, q^{\frac{1}{2}} \quad \text{für} \quad \tau \in \mathfrak{S}_q,\ q \geq 1$$

mit einer geeigneten Konstanten c_0. Dann wird

$$\begin{aligned}
I_q &= \int_{\mathfrak{S}_q} e^{2\pi t \cdot \frac{u}{y}}\, \overline{E^*(\tau, 1 + 2ir)}\, \omega \\
&= \int_{1/q}^{q} e^{-2\pi t \frac{u}{y}}\, (\bar{b}_0\, y^{\frac{1}{2} + ir} + 2\, y^{\frac{1}{2} - ir})\, \frac{dy}{y^2} + 2\vartheta\, c_0\, q^{\frac{1}{2}} \int_0^{1/q} e^{-2\pi t \frac{u}{y}}\, \frac{dy}{y^2},
\end{aligned}$$

wobei ϑ von q und tu abhängt und $|\vartheta| \leqq 1$ ist; $b_0 = b_0(1 + 2ir)$ ist der Koeffizient in

$$E^*(\tau, 1+2ir) = b_0(1+2ir)\, y^{\frac{1}{2}-ir} + 2 y^{\frac{1}{2}+ir} + \sum_{n \neq 0} a_n(y, 1+2ir)\, e^{2\pi i n x}.$$

Wir können fortfahren mit

$$I_q = \int\limits_{1/q}^{q} e^{-2\pi t \frac{u}{y}}\, (\overline{b}_0\, y^{-\frac{3}{2}+ir} + 2 y^{-\frac{3}{2}-ir})\, dy + C(q, tu)\, \frac{e^{-2\pi t u q}}{t u}$$

mit $C(q, tu) = \dfrac{1}{\pi}\, \vartheta c_0\, q^{\frac{1}{2}}$. Nach [3], (79) wird nun

$$J_1(p, q) = \frac{(-1)^k}{\sqrt{\pi}} \int\limits_{1}^{p} \sum_{t=1}^{\infty} a_t \int\limits_{1/q}^{q} e^{-2\pi t \frac{u}{y}}\, (\overline{b}_0\, y^{-\frac{3}{2}+ir} + 2 y^{-\frac{3}{2}-ir})\, dy\, u^{2(k-s)-1}\, du +$$

$$+ \frac{(-1)^k}{\sqrt{\pi}} \int\limits_{1}^{p} \sum_{t=1}^{\infty} \frac{a_t}{t}\, C(q, tu)\, e^{-2\pi t u q}\, u^{2(k-s-1)}\, du.$$

Mit [3], (76), (30), (29) findet man

$$J_2(p, q) = \frac{1}{\sqrt{\pi}} \int\limits_{1/p}^{1} \sum_{t=1}^{\infty} a_t \int\limits_{1/q}^{q} e^{-2\pi t \frac{u}{y}}\, (\overline{b}_0\, y^{-\frac{3}{2}+ir} + 2 y^{-\frac{3}{2}-ir})\, dy\, u^{2s-1}\, du +$$

$$+ \frac{1}{\sqrt{\pi}} \int\limits_{1/p}^{1} \sum_{t=1}^{\infty} \frac{a_t}{t}\, C(q, tu)\, e^{-2\pi t u q}\, e^{2(s-1)}\, du.$$

Nunmehr wird (vgl. [3], (85))

$$J(p, q) = \frac{(-1)^k}{\sqrt{\pi}} \int\limits_{1}^{p} \sum_{t=1}^{\infty} a_t \int\limits_{1/q}^{q} e^{-2\pi t \frac{u}{y}}\, (\overline{b}_0\, y^{-\frac{3}{2}+ir} + 2 y^{-\frac{3}{2}-ir})\, dy\, u^{2(k-s)-1}\, du -$$

$$- \frac{1}{\sqrt{\pi}} \int\limits_{1/p}^{1} \sum_{t=1}^{\infty} a_t \int\limits_{1/q}^{q} e^{-2\pi t \frac{u}{q}}\, (\overline{b}_0\, y^{-\frac{3}{2}+ir} + 2 y^{-\frac{3}{2}-ir})\, dy\, u^{2s-1}\, du +$$

$$+ \frac{(-1)^k}{\sqrt{\pi}} \int\limits_{1}^{p} \sum_{t=1}^{\infty} \frac{a_t}{t}\, C(q, tu)\, e^{-2\pi t \frac{u}{q}}\, u^{2(k-s-1)}\, du -$$

$$- \frac{1}{\sqrt{\pi}} \int\limits_{1/p}^{1} \sum_{t=1}^{\infty} \frac{a_t}{t}\, C(q, tu)\, e^{-2\pi t u q}\, u^{-2(s-1)}\, du.$$

Bei Berücksichtigung der Definition von $C(q, tu)$ erkennt man wie in [3], S. 106, daß die beiden letzten Glieder für $q \to \infty$ nach 0 streben gleichmäßig in p. Demnach ist

$$\lim_{p, q \to \infty} J(p, q) = \lim_{p, q \to \infty} J^*(p, q),$$

wenn wir

$$
\left.
\begin{aligned}
J^*(p, q) &= \frac{(-1)^k}{\sqrt{\pi}} \int\limits_1^p \sum_{t=1}^\infty a_t \int\limits_{1/q}^q e^{-2\pi t \frac{u}{y}} \left(\bar{b}_0 \, y^{-\frac{3}{2}+ir} + 2 y^{-\frac{3}{2}-ir}\right) \times \\
&\qquad\qquad\qquad\qquad\qquad \times d y \, u^{2(k-s)-1} \, d u - \\
&- \frac{1}{\sqrt{\pi}} \int\limits_{1/p}^1 \sum_{t=1}^\infty a_t \int\limits_{1/q}^q e^{-2\pi t \frac{u}{y}} \left(\bar{b}_0 \, y^{-\frac{3}{2}+ir} + 2 y^{-\frac{3}{2}-ir}\right) d y \, u^{2s-1} \, d u
\end{aligned}
\right\} \quad (152)
$$

setzen. Wir verfolgen fürs nächste nur den von $\bar{b}_0 y^{-\frac{3}{2}+ir}$ herrührenden Bestandteil $\frac{\bar{b}_0}{\sqrt{\pi}} J_1^*(p, q)$; der von $2 y^{-\frac{3}{2}-ir}$ herrührende Bestandteil $\frac{2}{\sqrt{\pi}} J_2^*(p, q)$ geht entsprechend zu behandeln. Teilweise Integration ergibt

$$
\left.
\begin{aligned}
J_1^*(p, q) &= (-1)^k \sum_{t=1}^\infty a_t \int\limits_{1/q}^q e^{-2\pi t \frac{u}{y}} y^{-\frac{3}{2}+ir} u^{\frac{1}{2}-ir} d y \, \frac{u^{2(k-s)-\frac{1}{2}+ir}}{2(k-s)-\frac{1}{2}+ir}\Big|_{u=1}^{u=p} \\
&\quad - \sum_{t=1}^\infty a_t \int\limits_{1/q}^q e^{-2\pi t \frac{u}{y}} y^{-\frac{3}{2}+ir} u^{\frac{1}{2}-ir} d y \, \frac{u^{2s-\frac{1}{2}+ir}}{2s-\frac{1}{2}+ir}\Big|_{u=1/p}^{u=1} \\
&\quad - (-1)^k \int\limits_1^p \sum_{t=1}^\infty a_t \int\limits_{1/q}^q \left(\frac{1}{2} - ir - \frac{2\pi t u}{y}\right) e^{-2\pi t \frac{u}{y}} \times \\
&\qquad\qquad\qquad \times y^{-\frac{3}{2}+ir} u^{-\frac{1}{2}-ir} d y \, \frac{u^{2(k-s)-\frac{1}{2}+ir}}{2(k-s)-\frac{1}{2}+ir} \, d u \\
&\quad + \int\limits_{1/p}^1 \sum_{t=1}^\infty a_t \int\limits_{1/q}^q \left(\frac{1}{2} - ir - \frac{2\pi t u}{y}\right) e^{-2\pi t \frac{u}{y}} \times \\
&\qquad\qquad\qquad \times y^{-\frac{3}{2}+ir} u^{-\frac{1}{2}-ir} d y \, \frac{u^{2s-\frac{1}{2}+ir}}{2s-\frac{1}{2}+ir} \, d u .
\end{aligned}
\right\} \quad (153)
$$

Der zu $u = p$ gehörige Bestandteil des ersten Gliedes und der zu $u = 1/p$ gehörige des zweiten Gliedes strebt nach 0 für $p \to \infty$. Zum Beweise bemerken wir

$$
\begin{aligned}
S_1 &= \sum_{t=1}^\infty a_t \int\limits_{1/q}^q e^{-2\pi t \frac{u}{y}} y^{-\frac{3}{2}+ir} d y = \int\limits_{1/q}^q f_1^*\left(\frac{u}{y}\right) y^{-\frac{3}{2}+ir} d y \\
&= \int\limits_{u/q}^{qu} f_1^*(\eta) \, \eta^{-\frac{1}{2}-ir} d \eta \, u^{-\frac{1}{2}+ir} .
\end{aligned}
$$

Wir unterscheiden nun die Fälle $u = p$ und $u = 1/p$ bei festem q und wachsendem p. Da $f_1^*(\eta)$ für $\eta \to \infty$ nach [3], (28) exponentiell nach 0 strebt, folgt schon die $u = p$ betreffende Behauptung. [Die u-Potenzen in (153) stören nicht.] Im Fall $u = 1/p$ beachten wir die asymptotischen Beziehungen

$$f_1^*(\eta)\begin{cases} \sim i^k\,\eta^{-k}\,a_0 & \text{für}\quad \eta\to 0\quad\text{und}\quad a_0\neq 0 \\ \to 0 & \text{für}\quad \eta\to 0\quad\text{und}\quad a_0 = 0\end{cases}$$

gemäß [3], (32). Dann bekommen wir für festes q

$$S_1 = \int\limits_{u/q}^{qu} f_1^*(\eta)\,\eta^{-\frac{1}{2}-ir}\,d\eta\;u^{-\frac{1}{2}+ir} = C(u)\int\limits_{u/q}^{qu}\eta^{-\frac{1}{2}-k}\,d\eta\;u^{-\frac{1}{2}}$$

mit einem $C(u)$, das für $u=\dfrac{1}{p}\to 0$ beschränkt bleibt, und es wird weiter

$$S_1 = C(u)\,\frac{u^{-k}}{\frac{1}{2}-k}\,(q^{\frac{1}{2}-k} - q^{-\frac{1}{2}+k}).$$

Beachtet man noch den Faktor u^{2s} aus der zweiten Zeile von (153), so ergibt sich für genügend großes σ auch der $u=1/p$ betreffende Teil der obigen Behauptung. — In den letzten Gliedern von (153) kann die Integration über y ausgeführt werden. Es entsteht

$$\lim_{p\to\infty} J_1^*(p,q) = -(-1)^k\sum_{t=1}^{\infty} a_t\int\limits_{1/q}^{q} e^{-2\pi t y^{-1}}\,y^{-\frac{3}{2}+ir}\,dy\;\frac{1}{2(k-s)-\frac{1}{2}+ir}$$

$$-\sum_{t=1}^{\infty} a_t\int\limits_{1/q}^{q} e^{-2\pi t q^{-1}}\,y^{-\frac{3}{2}+ir}\,dy\;\frac{1}{2s-\frac{1}{2}+ir}$$

$$+(-1)^k\int\limits_{1}^{\infty}\sum_{t=1}^{\infty} a_t\left\{e^{-2\pi t u y^{-1}}\,y^{-\frac{1}{2}+ir}\,\Big|_{y=1/q}^{y=q}\right\}\frac{u^{2(k-s)-1}}{2(k-s)-\frac{1}{2}+ir}\,du$$

$$-\int\limits_{0}^{1}\sum_{t=1}^{\infty} a_t\left\{e^{-2\pi t u y^{-1}}\,y^{-\frac{1}{2}+ir}\,\Big|_{y=1/q}^{y=q}\right\}\frac{u^{2s-1}}{2s-\frac{1}{2}+ir}\,du.$$

Die zu $y=1/q$ gehörenden Bestandteile der letzten beiden Glieder streben nach 0 für $q\to\infty$; für das erstere Glied ist das sofort zu übersehen, und für das letztere beachte man

$$\left|\int\limits_{0}^{1} f_1^*(uq)\,q^{\frac{1}{2}-ir}\,u^{2s-1}\,du\right| \leq q^{\frac{1}{2}}\int\limits_{0}^{q} |f_1^*(v)|\left(\frac{v}{q}\right)^{2\sigma-1}\frac{dv}{q}$$

$$\leq q^{\frac{1}{2}-2\sigma}\int\limits_{0}^{\infty} |f_1^*(v)|\,v^{2\sigma-1}\,dv,$$

was für genügend großes σ existiert. Es bleibt also, in Analogie zu [3], (89) der Grenzwert $q \to \infty$ von

$$J_1^*(q) = -(-1)^k \sum_{t=1}^{\infty} a_t \int_{1/q}^{q} e^{-2\pi t y^{-1}} y^{-\frac{3}{2}+ir} \, dy \; \frac{1}{2(k-s)-\frac{1}{2}+ir}$$

$$- \sum_{t=1}^{\infty} a_t \int_{1/q}^{q} e^{-2\pi t y^{-1}} y^{-\frac{3}{2}+ir} \, dy \; \frac{1}{2s-\frac{1}{2}+ir}$$

$$+ (1)^k q^{-\frac{1}{2}+ir} \int_{1}^{\infty} f_1^*\left(\frac{u}{q}\right) \frac{u^{2(k-s)-1}}{2(k-s)-\frac{1}{2}+ir} \, du$$

$$- q^{-\frac{1}{2}+ir} \int_{0}^{1} f_1^*\left(\frac{u}{q}\right) \frac{u^{2s-1}}{2s-\frac{1}{2}+ir} \, du$$

zu bilden. Trägt man die letzte Gleichung von [3], S. 106 ein, so kommt

$$J_1^*(q) = -\sum_{t=1}^{\infty} a_t \int_{1/q}^{q} e^{-2\pi t y^{-1}} y^{-\frac{3}{2}+ir} \, dy \left(\frac{1}{2s-\frac{1}{2}+ir} + \frac{(-1)^k}{2(k-s)-\frac{1}{2}+ir} \right)$$

$$+ (-i)^k \frac{q^{k-\frac{1}{2}+ir}}{2(k-s)-\frac{1}{2}+ir} \int_{1}^{\infty} f_1^*\left(\frac{q}{u}\right) u^{k-2s-1} \, du$$

$$- i^k \frac{q^{k-\frac{1}{2}+ir}}{2s-\frac{1}{2}+ir} \int_{0}^{1} f_1^*\left(\frac{q}{u}\right) u^{-k+2s-1} \, du$$

$$- \frac{(-i)^k q^{k-\frac{1}{2}+ir} a_0}{(2k-2s-\frac{1}{2}+ir)(k-2s)} + \frac{(-1)^k q^{-\frac{1}{2}+ir} a_0}{2(2k-2s-\frac{1}{2}+ir)(k-s)}$$

$$- \frac{i^k q^{k-\frac{1}{2}+ir} a_0}{(2s-\frac{1}{2}+ir)(2s-k)} + \frac{q^{-\frac{1}{2}+ir} a_0}{2(2s-\frac{1}{2}+ir) s} \, .$$

Hier streben das zweite, dritte, fünfte und siebente Glied nach 0 für $q \to \infty$. (Im zweiten und dritten Glied substituiere man erst $u = q/v$ bzw. $u = 1/v$.) Daher bleibt, analog zu [3], (90), der Grenzwert von

$$J_1(q) = -\sum_{t=1}^{\infty} a_t \int_{1/q}^{q} e^{-2\pi t y} y^{-\frac{1}{2}-ir} \, dy \left(\frac{1}{2s-\frac{1}{2}+ir} + \frac{(-1)^k}{2(k-s)-\frac{1}{2}+ir} \right) +$$

$$+ \frac{i^k a_0 q^{k-\frac{1}{2}+ir}}{2s-k} \left(\frac{(-1)^k}{2(k-s)-\frac{1}{2}+ir} - \frac{1}{2s-\frac{1}{2}+ir} \right)$$

für $q \to \infty$ zu ermitteln. Berücksichtigt man die Identität

$$\frac{1}{2s - k} \left(\frac{(-1)^k}{2(k-s) - \frac{1}{2} + ir} - \frac{1}{2s - \frac{1}{2} + ir} \right)$$

$$= \frac{1}{k - \frac{1}{2} + ir} \left(\frac{(-1)^k}{2(k-s) - \frac{1}{2} + ir} + \frac{1}{2s - \frac{1}{2} + ir} + \frac{(-1)^k - 1}{2s - k} \right)$$

sowie $a_0\big((-1)^k - 1\big) = 0$, so folgt analog zu [3], (92)

$$\left. \begin{aligned} J_1(q) &= \left(\frac{1}{2s - \frac{1}{2} + ir} + \frac{(-1)^k}{2(k-s) - \frac{1}{2} + ir} \right) \times \\ &\times \left(- \sum_{t=1}^{\infty} a_t \int_{1/q}^{q} e^{-2\pi t y} y^{-\frac{1}{2} - ir} \, dy + \frac{i^k a_0 q^{k - \frac{1}{2} + ir}}{k - \frac{1}{2} + ir} \right). \end{aligned} \right\} \quad (154)$$

Hier ist nun

$$S_2 = \sum_{t=1}^{\infty} a_t \int_{1/q}^{q} e^{-2\pi t y} y^{-\frac{1}{2} - ir} \, dy$$

$$= \sum_{t=1}^{\infty} a_t \int_{1/q}^{q} \frac{1}{2\pi i} \int_{\sigma - i\infty}^{\sigma + i\infty} \Gamma(s)\, (2\pi t y)^{-s} \, ds \; y^{-\frac{1}{2} - ir} \, dy$$

$$= \frac{1}{2\pi i} \int_{\sigma - i\infty}^{\sigma + i\infty} \varphi^*(s, g^*)\, \Gamma(s)\, (2\pi)^{-s} (q^{s - \frac{1}{2} + ir} - q^{-s + \frac{1}{2} - ir}) \frac{ds}{s - \frac{1}{2} + ir}.$$

Die vorgenommenen Vertauschungen von Grenzübergängen bestehen wegen absoluter Konvergenz zu Recht. Wir verschieben die Integrationsgerade parallel nach ε mit $0 < \varepsilon < \frac{1}{2}$. Nach dem Residuensatz erhält man

$$\left. \begin{aligned} S_2 &= \frac{1}{2\pi i} \int_{\varepsilon - i\infty}^{\varepsilon + i\infty} \varphi^*(s, g^*)\, \Gamma(s)\, (2\pi)^{-s} \frac{q^{s - \frac{1}{2} + ir}}{s - \frac{1}{2} + ir} \, ds + \\ &\quad + \varphi^*\left(\frac{1}{2} - ir, g^* \right) \Gamma\left(\frac{1}{2} - ir \right) (2\pi)^{-\frac{1}{2} + ir} \\ &\quad + \alpha \Gamma(k)(2\pi)^{-k} \frac{q^{k - \frac{1}{2} + ir}}{k - \frac{1}{2} + ir} - \frac{1}{2\pi i} \int_{\sigma - i\infty}^{\sigma + i\infty} \varphi^*(s, g^*)\, \Gamma(s)(2\pi)^{-s} \frac{q^{-s + \frac{1}{2} - ir}}{s - \frac{1}{2} + ir} \, ds, \end{aligned} \right\} (155)$$

wobei $\alpha = \operatorname*{Res}_{s=k} \varphi^*(s, g^*)$ ist. Setzt man dies in (154) ein und berücksichtigt [3], (95), so erhält man

$$\lim_{q \to \infty} J_1(q) = - \left(\frac{1}{2s - \frac{1}{2} + ir} + \frac{(-1)^k}{2(k-s) - \frac{1}{2} + ir} \right) \frac{\varphi^*(\frac{1}{2} - ir, g^*)\, \Gamma(\frac{1}{2} - ir)}{(2\pi)^{\frac{1}{2} - ir}}.$$

Für den zu $2y^{-\frac{3}{2}-ir}$ gehörigen Bestandteil $\frac{2}{\sqrt{\pi}} J_2^*(p, q)$ aus (152) gelten ganz entsprechende Überlegungen. Insgesamt erhält man

$$\lim_{\to\infty}\lim_{p\to\infty} J(p, q) = \frac{b_0}{\sqrt{\pi}}\left(\frac{1}{2s-\frac{1}{2}+ir} - \frac{(-1)^k}{2(k-s)-\frac{1}{2}+ir}\right)\frac{\varphi^*(\frac{1}{2}-ir, g^*)\,\Gamma(\frac{1}{2}-ir)}{(2\pi)^{\frac{1}{2}-ir}}$$

$$-\frac{2}{\sqrt{\pi}}\left(\frac{1}{2s-\frac{1}{2}-ir} + \frac{(-1)^k}{2(k-s)-\frac{1}{2}-ir}\right)\frac{\varphi^*(\frac{1}{2}+ir, g^*)\,\Gamma(\frac{1}{2}+ir)}{(2\pi)^{\frac{1}{2}+ir}}\,.$$

Wegen [3], (74) und da nach [3], (112), (123), (124)

$$b_0 = b_0(1 + 2ir) = 2\sqrt{\pi}\,\frac{\Gamma(ir)\,\zeta(2ir)}{\Gamma(\frac{1}{2}+ir)\,\zeta(1+2ir)}$$

ist, erhält man nun

$$\begin{aligned}
R(s; E^*, g) = {}&\frac{1}{\sqrt{\pi}}\int_1^\infty\!\!\int_{\mathfrak{F}} f_2(Y)\,\overline{E^*(\tau, 1 + 2ir)}\,u^{2s-1}\,\omega\,du \\
&+ \frac{(-1)^k}{\sqrt{\pi}}\int_1^\infty\!\!\int_{\mathfrak{F}} f_2(Y)\,\overline{E^*(\tau, 1 + 2ir)}\,u^{2(k-s)-1}\,\omega\,du \\
&- \frac{\Gamma(-ir)\,\zeta(-2ir)}{(2\pi)^{\frac{1}{2}-ir}\zeta(1-2ir)}\left(\frac{1}{2s-\frac{1}{2}+ir} + \frac{(-1)^k}{2(k-s)-\frac{1}{2}+ir}\right)\varphi^*\!\left(\frac{1}{2}-ir, g^*\right) \\
&- \frac{2}{\sqrt{\pi}}\frac{\Gamma(\frac{1}{2}+ir)}{(2\pi)^{\frac{1}{2}+ir}}\left(\frac{1}{2s-\frac{1}{2}-ir} + \frac{(-1)^k}{2(k-s)-\frac{1}{2}-ir}\right)\varphi^*\!\left(\frac{1}{2}+ir, g^*\right).
\end{aligned} \qquad (156)$$

Wären wir von der Reihe

$$E(\tau, s) = \sum_{c, d}{}' \frac{y^{s/2}}{|c\tau + d|^s}$$

ausgegangen, die das $\zeta(s)$-fache der primitiven Reihe $E^*(\tau, s)$ ist, so hätten wir (wegen der Funktionalgleichung der ζ-Funktion)

$$\begin{aligned}
\sqrt{\pi}\,R(s; E, g) = {}&\int_1^\infty\!\!\int_{\mathfrak{F}} f_2(Y)\,\overline{E(\tau, 1 + 2ir)}\,u^{2s-1}\,\omega\,du + \\
&+ (-1)^k\int_1^\infty\!\!\int_{\mathfrak{F}} f_2(Y)\,\overline{E(\tau, 1 + 2ir)}\,u^{2(k-s)-1}\,\omega\,du \\
&- 2^{\frac{1}{2}+ir}\pi^{-\frac{1}{2}-ir}\Gamma\!\left(\frac{1}{2}+ir\right)\zeta(1+2ir)\,\varphi^*\!\left(\frac{1}{2}-ir, g^*\right)\times \\
&\qquad\times\left(\frac{1}{2s-\frac{1}{2}+ir} + \frac{(-1)^k}{2(k-s)-\frac{1}{2}+ir}\right) \\
&- 2^{\frac{1}{2}-ir}\pi^{-\frac{1}{2}-ir}\Gamma\!\left(\frac{1}{2}+ir\right)\zeta(1-2ir)\,\varphi^*\!\left(\frac{1}{2}+ir, g^*\right)\times \\
&\qquad\times\left(\frac{1}{2s-\frac{1}{2}-ir} + \frac{(-1)^k}{2(k-s)-\frac{1}{2}-ir}\right)
\end{aligned}$$

erhalten. Bezeichnet $V_\lambda = V(\tau, \lambda)$ das Haupteigenpaket von $-\varDelta$ zur Gruppe M, so folgt aus (151) durch Integration nach λ für $\lambda \gtreqless \frac{1}{4}$ und Re s hinreichend groß

$$\int\limits_{\frac{1}{4}}^{\lambda} R(s; E^*, g)\, d\lambda = R(s; V_\lambda, g) = \frac{1}{\sqrt{\pi}} \int\limits_{\mathfrak{F}} \xi_2(s, \tau; g)\, \overline{V(\tau, \lambda)}\, \omega$$

$$= \frac{1}{\sqrt{\pi}} \big(\xi_2(s, \tau; g), V(\tau, \lambda)\big).$$

Aus (156) entnehmen wir, daß eine nichtkonstante Modulform zweiten Grades $g(Z)$, in deren Fourier-Entwicklung [3], (15) die Koeffizienten $a(T)$ für alle $T > 0$ verschwinden, selbst verschwindet. Denn dann verschwindet die nach [3], (24) zugeordnete Funktion $f_2(Y)$ identisch, ebenso $\xi_2(s, \tau; g)$ und also auch $R(s; E^*, g)$. Nach (156) verschwindet dann $\varphi^*\left(\frac{1}{2} \pm i r\right)$ für $r > 0$ und damit überhaupt. Nach [3], (40) und (38) verschwindet nun auch $\xi_1(s, \tau; g)$. Durch ξ_1 wird aber nach der Mellinschen Umkehrformel auch $f_1(Y)$ zu 0 bestimmt. Aus [3], (23) folgt dann unsere Behauptung. Sie dürfte auch direkt beweisbar sein. Eine nichtkonstante Modulform zweiten Grades ist also bereits durch die Teilreihe

$$\sum_{T > 0} a(T)\, e^{2\pi i \, Sp.(TZ)}$$

ihrer Fourier-Entwicklung und wegen [3], (37) und der Mellinschen Umkehrformel auch schon durch die zugeordnete Funktion $\xi_2(s, \tau; g)$ eindeutig bestimmt.

Nach [3], (64), (65) bestimmen nun die mit den Eigenfunktionen $e(\tau)$ und der Eisenstein-Reihe $E^*(\tau, s)$ gebildeten Dirichlet-Reihen $\varphi(s; e, g)$ und $\varphi(s; E^*, g)$ die Funktionen $R(s; e, g)$ und $R(s; E^*, g)$. Da aber die $R(s; e, g)$ gerade die Skalarprodukte $\frac{1}{\sqrt{\pi}}\big(\xi_2(s, \tau; g), e(\tau)\big)$ sind und die $R(s; E^*, g)$ die Skalarprodukte $\frac{1}{\sqrt{\pi}}\big(\xi_2(s, \tau; g), V(\tau, \lambda)\big)$ lieferten, folgt aus dem Entwicklungssatz 32, daß $\xi_2(s, \tau; g)$ durch die Dirichlet-Reihen eindeutig bestimmt ist. Nach dem obigen bestimmt $\xi_2(s, \tau; g)$ bereits g. Damit haben wir den angekündigten

Satz 41: Eine Modulform zweiten Grades $g(Z)$ ist eindeutig bestimmt durch die Dirichlet-Reihen $\varphi(s; e, g)$ und $\varphi(s; E^*, g)$, die ihr nach [3] und nach dem oben dargestellten Verfahren mit Hilfe der Eigenfunktionen $e(\tau)$ des Operators $-\varDelta$ und mit Hilfe der primitiven Eisenstein-Reihe $E^*(\tau, 1 + 2i r)$ zur Gruppe M zuzuordnen sind.

Literaturverzeichnis.

[1] MAASS, H.: Automorphe Funktionen und indefinite quadratische Formen. Sitzgsber. Heidelberg. Akad. Wiss. (1949) 1. Abh. — [2] MAASS, H.: Über eine neue Art von nichtanalytischen autom. Funktionen . . . Math. Ann. Bd. 121 (1949) S. 141—183. — [3] MAASS, H.: Modulformen zweiten Grades und DIRICHLET-Reihen. Math. Ann. Bd. 122 (1950) S. 90—108. — [4] PETERSSON, H.: Zur analytischen Theorie der Grenzkreisgruppen, Teil I. Math. Ann. Bd. 115, S. 23—67. — [5] STONE, M. H.: Linear transformations in HILBERT space . . . New York 1932. — [6] RELLICH, F.: Eigenwerttheorie partieller Differentialgleichungen, Teil I. Vorlesungsmanuskript, Göttingen, 1952/53. — [7] RELLICH, R.: Spectral theory of a second-order ordinary differential operator. Lectures delivered 1950/51. — [8] CARLEMAN, T.: Sur les équations intégrales singulières à noyau réell et symmétrique. Upsala 1923. — [9] PETERSSON, H.: Über den Bereich absoluter Konvergenz der POINCARÉschen Reihen. Acta math. (Stockh.) Bd. 80. — [10] WEYL, H.: Die Idee der RIEMANNschen Fläche, 2. Aufl. Teubner 1923. — [11] RIESS, F., et B. SZ.-NAGY: Leçons d'analyse fonctionnelle. Budapest 1952. — [12] HECKE, E.: Über die Bestimmung DIRICHLETscher Reihen durch ihre Funktionalgleichung. Math. Ann. Bd. 112, S. 664—699. — [13] COURANT, R., u. D. HILBERT: Methoden der mathematischen Physik, 2. Aufl., Bd. I. Berlin 1931. — [14] McSHANE, E. J.: Integration. Princeton: University Press 1947. — [15] HELLINGER, E.: Neue Begründung der Theorie quadratischer Formen von unendlich vielen Veränderlichen. Crelle J. Bd. 136, S. 210—271. — [16] KOWALEWSKI, G.: Grundzüge der Differential- und Integralrechnung, 4. Aufl. Leipzig 1928. — [17] KOBER, H.: Ein Mittelwert EPSTEINscher Zetafunktionen. Proc. Lond. Math. Soc., Ser. 2, Bd. 42 (1937) S. 128—141.

Sitzungsberichte

der

Heidelberger Akademie der Wissenschaften

Mathematisch-naturwissenschaftliche Klasse

Jahrgang 1953/1955

Heidelberg 1956
Springer-Verlag

ISBN 978-3-662-01345-8   ISBN 978-3-662-01344-1 (eBook)
DOI 10.1007/978-3-662-01344-1

INHALT

Jahrgang 1953/1955

Jahrgang 1942.

1. E. Gotschlich. Hygiene in der modernen Türkei. DM 0.60.
2. Studien im Gneisgebirge des Schwarzwaldes. XIII. O. H. Erdmannsdörffer. Über Granitstrukturen. DM 1.60.
3. J. D. Achelis. Die Überwindung der Alchemie in der paracelsischen Medizin. DM 1.40.
4. A. Benninghoff. Die biologische Feldtheorie. DM 1.—.

Jahrgang 1943.

1. A. Becker. Zur Bewertung inkonstanter α-Strahlenquellen. DM 1.—.
2. W. Blaschke. Nicht-Euklidische Mechanik. DM 0.80.

Jahrgang 1944.

1. C. Oehme. Über Altern und Tod. DM 1.—.

1945, 1946 und 1947 sind keine Sitzungsberichte erschienen.

Ab Jahrgang 1948 erscheinen die „Sitzungsberichte" im Springer-Verlag.

Inhalt des Jahrgangs 1948:

1. P. Christian und R. Haas. Über ein Farbenphänomen. DM 1.50.
2. W. Blaschke. Zur Bewegungsgeometrie auf der Kugel. DM 1.—.
3. P. Uhlenhuth. Entwicklung und Ergebnisse der Chemotherapie. DM 2.—.
4. P. Christian. Die Willkürbewegung im Umgang mit beweglichen Mechanismen. DM 1.50.
5. W. Bothe. Der Streufehler bei der Ausmessung von Nebelkammerbahnen im Magnetfeld. DM 1.—.
6. W. Troll. Urbild und Ursache in der Biologie. DM 1.50.
7. H. Wendt. Die Jansen-Rayleighsche Näherung zur Berechnung von Unterschallströmungen. DM 2.40.
8. K. H. Schubert. Über die Entwicklung zulässiger Funktionen nach den Eigenfunktionen bei definiten, selbstadjungierten Eigenwertaufgaben. DM 1.80.
9. W. Schaaff. Biegung mit Erhaltung konjugierter Systeme. DM 1.80.
10. A. Seybold und H. Mehner. Über den Gehalt von Vitamin C in Pflanzen. DM 9.60.

Inhalt des Jahrgangs 1949:

1. H. Maass. Automorphe Funktionen und indefinite quadratische Formen. DM 3.60.
2. O. H. Erdmannsdörffer. Über Flasergranite und Böllsteiner Gneis. DM 1.20.
3. K. H. Schubert. Die eindeutige Zerlegbarkeit eines Knotens in Primknoten. DM 2.80.
4. K. Holldack. Grenzen der Herzauskultation. DM 4.20.
5. K. Freudenberg. Die Bildung ligninähnlicher Stoffe unter physiologischen Bedingungen. DM 1.—.
6. W. Troll und H. Weber. Morphologische und anatomische Studien an höheren Pflanzen. DM 7.80.
7. W. Doerr. Pathologische Anatomie der Glykolvergiftung und des Alloxandiabetes. DM 9.80.
8. W. Threlfall. Knotengruppe und Homologieinvarianten. DM 1.50.
9. F. Oehlkers. Mutationsauslösung durch Chemikalien. DM 3.80.
10. E. Sperner. Beziehungen zwischen geometrischer und algebraischer Anordnung. DM 3.—.
11. F. Heller. Ursus (Plionarctos) stehlini Kretzoi. DM 4.80.
12. W. Rauh. Klimatologie und Vegetationsverhältnisse der Athos-Halbinsel und der ostägäischen Inseln Lemnos, Evstratios, Mytiline und Chios. DM 10.50.
13. Y. Reenpää. Die Schwellenregeln in der Sinnesphysiologie und das psychophysische Problem. DM 1.60.